KB232791

竹島紀事
죽도기사 5-1

竹島紀事
죽도기사 5-1

竹島紀事

죽도기사 5-1

권정 | 오오니시 토시테루 편역주

한국학술정보㈜

Hong-TAE, KIM

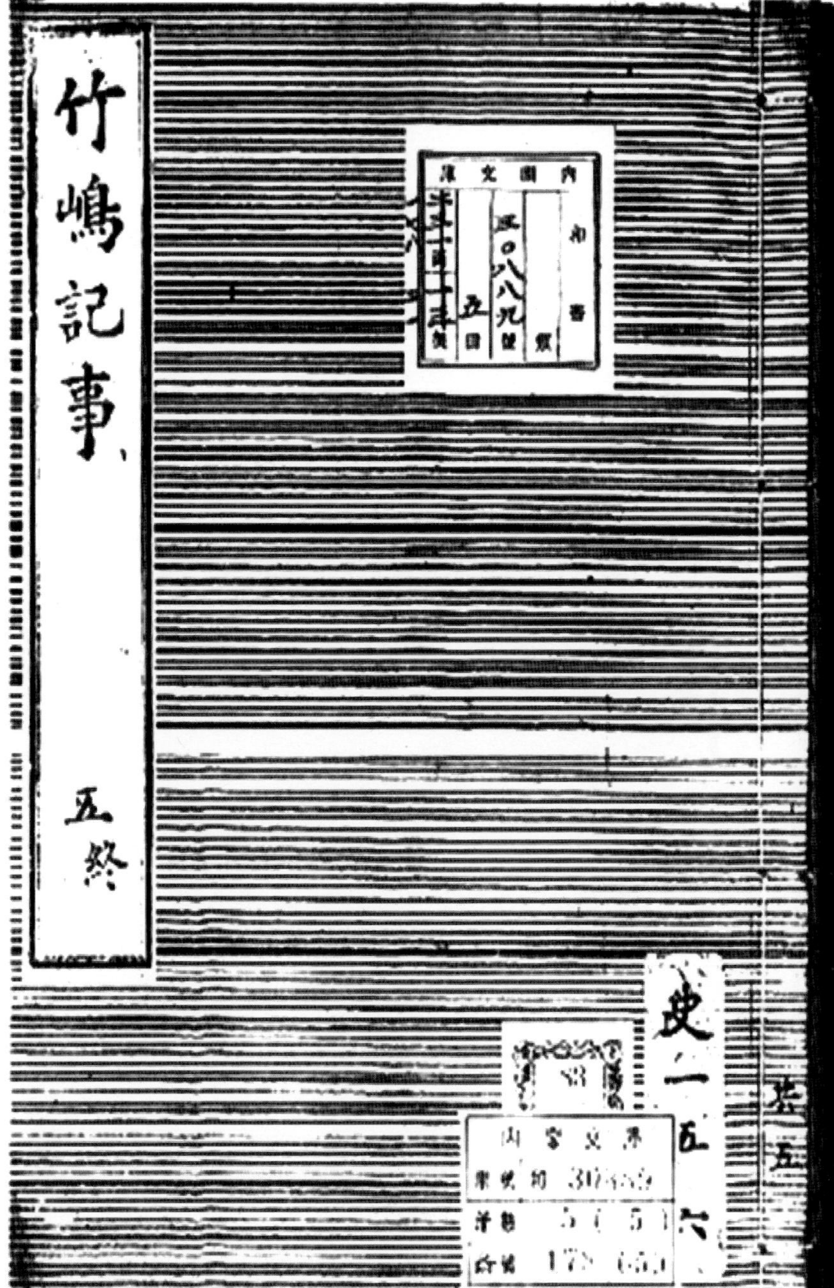

竹島記事

五
終

목차

일러두기

1. 본『죽도기사』는 국립공문서관내각문고 소장의 화서 30889, 함호 178-659를 저본으로 하고, 동시에 화서 47092호, 함호 178-655를 참조본으로 했다.

1. 본서의 번각문은 저본과 참조본을 오오니시 토시테루와 권정이 공동으로 문자를 확인하여 만들었다. 참고한 것은 죽도문제연구회의『죽도문제에 관한 조사연구』및 이케우치 사토시의『죽도 일건의 역사적 연구-죽도(울릉도)를 둘러싼 근세 일본과 조선-』이다.

1. 본서의 현대일본어역과 주는 오오니시 토시테루가 작업했다.

1. 본서의「죽도」가「울릉도」를 의미할 경우는「울릉도」를 병기하지 않는 것을 원칙으로 했다. 또 본문 중의「일한」이나「한일」, 「일조」,「조일」등의 표현은 일본과 조선(한국)의 관계를 설명하기 위한 표현일 뿐, 우선권을 인정하는 것은 아니다.

1. 고문서와 번각문과 현대일본어를 병기하는 이역이나 보다 좋은 해석이 나올 수 있는 경우를 상정한 구성이다.

1. 일본어 표기는 원음에 가까운 표기를 위하여 일반적으로 생략하는 장음「이・우・오」를 살려「東京」은「토우쿄우」로,「大阪」은「오오사카」로,「京都」은「쿄우토」로 표기하기로 한다.

1.「か・き・く・け・こ」는「카・키・쿠・케・코」로,「た・ち・つ・て・と」는「타・치・쓰・테・토」로,「しゃ・しゅ・しょ」는「샤・슈・쇼」로,「ちゃ・ちゅ・ちょ」는「챠・츄・쵸」로 표기한다.

凡例

1. 本『竹嶋記事』は国立公文書館内閣文庫所蔵の和書30889、函号178-659を底本にし、同じく和書47902号、函号178-655を参照本とした。

1. 本書の飜刻文は、底本と参照本とを大西俊輝と権静が共同し文字を確認検討して行った。参考としたのは竹島問題研究会『竹島問題に関する調査研究』及び池内敏『竹島一件の歴史学的研究-竹島(欝陵島)をめぐる近世の日本と朝鮮-』である。

1. 本書の現代日本語訳と註は大西俊輝が作業した。

1.「竹島」が「欝陵島」をも意味する場合は「欝陵島」は併記しないことを原則とした。また本文中の「日韓」や「韓日」、「日朝」、「朝日」などの表現は両国の表記で、前後に優先権を置くことではない。

1. 古文書と翻刻文と現代日本語を併記することは異訳やより良い解釈が出てくる可能性を想定した構成である。

1. 日本語の韓国語表記は原音に近い表記を期待して一般的に省略する長音「い・う・お」を生かして「東京」は「토우쿄우」に、「大阪」は「오오사카」に、「京都」は「쿄우토」に表記することにした。

1.「か・き・く・け・こ」は「카・키・쿠・케・코」に、「た・ち・つ・て・と」は「타・치・쓰・테・토」に、「しゃ・しゅ・しょ」は「샤・슈・쇼」に、「ちゃ・ちゅ・ちょ」は「챠・쥬・쵸」に表記する。

서문

　본 죽도기사 5-1권은 일본정부가 1693년에 '죽도도해금지령'을 선포한 것에 대해 조선 측이 보낸 서간 내용을 둘러싸고, 쓰시마와 조선 정부가 줄다리기하고 있는 모습을 담고 있다. 그러나 애초에 일본 측에서 서간이 아닌 구상으로 '죽도도해금지령'을 전해왔기 때문에 조선 측에서 서간을 보낼 의무는 없었다. 조일 간의 교류는 대등한 관계로 서간에 대해서는 서간, 구상에 대해서는 구상으로 대응하면 족했기 때문이다. 쓰시마가 막부에 제출할 조선 정부의 감사 서간이 필요했다면, 쓰시마 또한 정식 서간으로 일본정부가 '죽도도해금지령'을 선포했다는 내용을 조선정부에 제시했어야 했다. 그러한 절차 없이 감사 서간을 요구하는 쓰시마는 외교관례를 무시하고 있는 것이다. 그 사실은 일본정부도 감지하고 있었다. 아베 분고노카미는 감사 서한을 반드시 조선 측으로부터 받아야 하는데, 구상만으로 전할 시에는 감사 서한이 오지 않을 수도 있다며 이를 우려했다. 그럼에도 쓰시마 측에서는 서간이 아닌 구상으로 전해야 한다고 강력히 주장했다. 그 이유는 이전에 쓰시마노카미가 서간을 가지고 엄중히 조선이 일본 영토인 '타케시마'에서 어렵하는 행위는 불성신의 극치라며 항의했는데, 이제 와서 서간을 보내 자국어민의 도해금지를 장군이 명했다고 인정하게 되면 모순될 뿐 아니라, 조선에 굽히는 외교형식을 취한 것이 되기 때문이다. 때문에 섬을 취했거나 반환했다는 일이 되지 않도록, 즉 그러한 문언으로 받아들여지지 않도록 서간이 아니라 단지 구상으로만 전해야 한다고 막부를 설득했던 것이다.

하지만 조선정부 입장에서는 그러한 중요한 일을 서간 없이 구상으로만 전해 받아서는 후일 증서로 삼을 수 없다며 일본의 무례한 태도에 이의를 제기했다. 일본은 사소한 일이라도 항상 서간으로 요구하는데, 이번 죽도의 일은 특별한 일인데도 서간 없이 요구해왔기 때문에 조선정부는 일본의 저의를 의심하며, 후일 증서로 삼을 수 있도록 구상이 아닌 서간으로 답한 것이다. 때문에 조선 측에서 보낸 서간 안에 '그 섬의 이름은 다르지만, 그 섬의 실체를 우리 토지의 울릉도로 하여, 1도로 바로 인정해 주셨다'라는 문구와 '여러 봉행은 또 문자(서간)를 전해 주셨다'라는 문구를 기재한 것은 당연한 귀추이다. 반대로 일본은 예기치 않은 답서 내용을 보고 수차례 이 부분을 삭제해 줄 것을 요구했다. 이에 대해 조선 측은 일본은 서간도 보내지 않고 구상으로만 전해 왔기 때문에 '여러 봉행의 문자'라는 부분을 기재하여 봉행의 서부만이라도 증서로 하지 않으면 증거가 성립되기 어렵다는 이유로, 그 요구를 끝까지 수용하지 않았다.

쓰시마 측은 왜 그렇게까지 이 두 가지 문안을 삭제해 주길 요구한 것인가. 그 이유는 일본정부는 조선과의 우호관계를 유지하기 위해 '타케시마'로의 일본어민의 도해를 금지시키기는 했지만, 조선어민 또한 당연히 도해해서는 안 된다는 입장으로, 이는 '타케시마'가 조선령임을 인정한 것은 아니라는 암묵적인 의사표현이었다. 때문에 조선정부가 일본정부에 사의를 표하는 서간에 '울릉도'라는 도명이 기재되는 일은 후일을 위해 피하지 않으면 안 되었던 것이다. 심지어 '울릉도'라는 부분을 '타케시마'로 수정해 줄 것을 요구하기도 했다. 일본 측은 일본령 '타케시마'에 일본인의 죽도도해를 금했을 뿐이므로

그것을 문서로 조선 측에 정시할 필요는 없다는 입장을 관철하며, 구
상으로만 그 사실을 전한 것이다. 그러나 쓰시마의 가로들이 한문으
로 작성한 구상서가 남아 있었다. 그곳에는 '타케시마'라는 도명을 기
록하고 그 섬으로의 도해금지를 기록하고 있다. 즉 쓰시마 측은 아직
조선의 울릉도가 아니라 일본의 '타케시마'로 해서, 그 문언을 외교상
한 단계 낮은 문서에 남김으로써 섬에 대한 일본 측 권익을 보류시키
고자 했다.

또한 '여러 봉행의 문자' 역시 반드시 삭제해야 한다고 강력히 요
구하고 있는데, 이 서부는 동무의 지시에 의한 것이 아니라 도해 역
관이 일본 말을 이해하지 못해 여러 봉행이 교우부 타이후가 구상으
로 전하신 그대로를 서부로 건넨 것일 뿐, 그것을 이쪽에서 보내는
정식서간으로 생각해서는 안 된다는 것이 그 이유였다. 그 같은 서간
은 절대 동무에게 상신할 수 없기 때문에 이 문구는 반드시 삭제해
달라고 요청하고 있다. 이렇듯 쓰시마는 어디까지나 서간이 아닌 구
상으로 전하겠다는 입장을 고수하고 있다. 봉행이 서간을 작성한 이유
에 대해서는, '장군은 구상으로 하라고 지시하셨기 때문에 가능한 한
구상만으로 마치려고 배려했으나, 저쪽이 강하게 요구해 왔기 때문
에 어쩔 수 없이 우리들 중에서 한문으로 기록하여, 그것을 저쪽에
건네주게 되었다'라고 언급하고 있다.

그러나 구상으로 전한다는 방침은 사실 장군의 생각이 아니었으며,
위에서도 언급했듯이 쓰시마의 소우 요시자네의 외교 방침에서 도출
된 수법이었다. 쓰시마는 이처럼 일본정부와 조선정부 사이에서 양국
의 이해를 조율한다는 명분을 내세우고 있지만, 조선 측에 일본의 장
군이 '죽도도해금지령'을 내렸다는 사실조차 알리기를 꺼려했을 뿐

아니라, 끝까지 자국 어민이 도해해 어렵행위를 행한 곳은 '타케시마'로 조선령 '울릉도'가 아니었다는 입장을 내세우며 후일을 기약하고 있다.

일본 장군이 '죽도도해금지령'을 내린 것도 쓰시마 소우 요시자네의 노력에 의한 것이라며 쓰시마의 공임을 강조했지만, 사실 소우 요시자네는 무력을 통해 '타케시마'를 취하는 방안을 제시했었다. 전쟁보다는 평화를 원했던 토쿠가와 막부의 정책으로 소우 요시자네의 무력안은 좌절되었지만, 쓰시마의 속내를 눈치채고 있던 조선정부는 쓰시마가 아닌 다른 경로를 통해 일본정부와의 접촉을 시도하게 된다.

자국의 잘못을 절대 인정하려 하지 않는 쓰시마의 외교정책을 보면, 현재 일본의 외교정책이 떠오른다. 자국의 어민이 타국영토인 울릉도에서 어렵한 사실에 대해서는 사과 한마디 없이, '죽도도해금지령'이 내려진 데 대해 감사 서간을 요구하는 쓰시마의 당당함은 어디에서 오는 것인가. 그 서간에 대해서도 감사 표현이 적어, 내용이 마음에 안 든다며 수차례 수정을 요구하며, 이렇게 조선이 예의 없는 태도를 취하면 후일에 어떻게 될지 모른다고 무력행사의 뜻을 내비친다. 현재의 일본 역시 1905년에 당시 무인도였던 독도를 일본영토에 편입시켰다고 당당히 말한다. 그 5년 전인 1900년에 이미 대한제국칙령에서 강원도의 영역 안에 울릉도와 함께 독도가 편입되었다는 사실을 과연 일본이 몰랐을까. 절대 그렇지 않다. 1904년 당시 독도에서 강치잡이를 하고 있던 나카이라는 자는, 독도를 한국령으로 판단하고 한국정부에 독도에서 강치잡이를 하고 싶다는 내용의 '대하원'을 제출하려 했다. 이에 대해 당시 수산국장이었던 마키는 본도가 완전히 무소속인 섬으로 확인된다며 일본영토로 편입시켰다. 이에 대해

내무성은 울릉도와 독도가 일본령이 아니라고 확정하고 있었기 때문에 이 안에 대해 거부했으나, 외무성은 내무성의 우려를 일소에 부치고 외교상으로는 전혀 문제가 없다며 러일전쟁이 한창인 이때 독도를 영토로 편입시키는 것이 급선무라는 입장을 취한 것이다.

울릉도가 조선영토임을 알면서도 끝까지 '타케시마'로 부르며 서간에 남기는 것을 거부했던 쓰시마와 1900년에 이미 독도가 조선 강원도의 통치영역에 편입된 사실을 알면서도 아무도 살지 않는 무주지라고 주장하며, 1905년에 독도를 '타케시마'로 부르며 자국영토에 편입시킨 일본, 그 사실을 자랑스럽게 주장하며 현재도 '타케시마'는 일본영토임을 주장하는 일본은 과거의 자신의 모습을 그대로 투영하고 있는 것이다.

2012년 11월 30일
배재대학교 권정

第五部(竹嶋紀事五)

○同十年七月廿六日竹馬一件瑞夢〻〻當改撰
　〻〻轉り末〻建〻川おらか拷〻鎗〻
教訓方に海〻や

【大綱四八段(元祿十年七月)】

(48-00)

○ 同十年七月廿一日竹嶋一件謝意之書簡改撰在之都より下り来候由ニ
而訓別写持参館守裁判方江渡之也

【大綱四八段(元祿十年七月)】

(48-00)

○ 同十年七月二十一日、竹嶋一件に付き、謝意の書簡の改撰が在り
[その書簡が]都から下って来た。それゆえ訓導と別差が、この
写しを持参して来た。館守ならびに裁判方へ、これを差し渡した。

【대강 48단(겐로쿠 10년 7월)】

(48-00)

○ 동 10년 7월 21일, 죽도일건에 대한 사의의 서간이 개찬되어 [그
서간이] 도성에서 내려왔다. 그래서 훈도와 별차가 이 사본을
지참해 왔다. 관수와 재판 쪽에 이것을 제출했다.

(48-01)

〃 改撰之書左記之

(48-01)

〃 改撰の書を左に記す。

(48-01)

〃 개찬된 서간을 아래에 기록한다.

朝鮮國禮曹參議朴 世橋 奉書

日本國對馬州刑部大輔拾遺平公 閤下

天時政熱絅惟

勤靜珍毖鬯慰然已項因譯使過旬

(48-01)

〃改撰之書左記之

　朝鮮国礼曹僉議朴世燆奉二書ス

　日本国対馬州刑部大輔拾遺平公ノ閣下二一

　天時政二熟ス緬カニ惟ルニ

　動静琢㻌嚮慰無シレ已ムコト頃ロ因テ下訳使回ルニ上自リニ

改選の書

[真文]

朝鮮国礼曹僉議朴世燆奉書日本国対馬州刑部大輔拾遺平公閣下天

時政熟緬惟動静琢㻌嚮慰無已頃因訳使回自

礼曹僉議　朴世燆

[読み下し文]

朝鮮国礼曹参議の朴世燆、日本国対馬州刑部大輔拾遺の平公閣下

に書を奉る。天の時は政に熟す。緬かに惟るに、動静は琢㻌、嚮

慰は已むこと無し。頃は訳使の貴州より回るに因りて、

[現代語訳]

朝鮮国の礼曹参議、朴世燆が、日本国対馬州の刑部大輔で拾遺[の

称号を持つ]平公閣下に書を奉る。天の時は政り事に賑わいがあ

り、遥かに[人の世を]思えば、動静は琢㻌(めでたく慎みがあり)嚮

慰(いたわりを受ける事)は已むことが無い。[まことに結構な事で

ある。]さて近頃[こちらの]訳使が貴州から帰還した

조선국 예조참의 박세준이 일본국 쓰시마의 교우부 타이후이자 습유[의 칭호를 가진] 타이라 공 각하에게 서한을 바친다. 하늘의 때는 정치에 번성함이 있고 멀리 [인간 세상을] 생각하면, 그간 동정은 평화롭고 사려 깊어 끝없는 배려에 감사하는 마음 금할 수 없다. [참으로 잘 된 일이다.] 그런데 요즘 [이쪽] 역사가 귀 주에서 귀환했다.

貴州既知鬱陵與竹島為一島而二名則其名雖與共

為我地則一也

貴國下令永不許人往漁採

書示丁寧可保永遠之熙地甚善其盡美哉我

國所以處之者則鬱陵島自是我地分付官吏以時巡檢嚴

察兩地人之教雜其在法微慮患之道誠不可忽何待

貴州ニ細ニ伝ニ左右面嘱ノ之言ヲ且ツ接シテニ諸奉行ノ文字ニ備ニ悉スニ委
折ヲ矣鬱島ノ之為ニ我カ地ニ輿図ニ所レ載スル文跡昭然トシテ無シテレ論ルコトニ
彼ニ遠シテ此ニ近キコトヲ疆界自ラ別ル貴州既ニ知ルトキハ鬱陵ト与ニ竹島ヲ為
ルコトヲ中一島ニシテ而二名上則其ノ名雖ヘトモレ異ナリト其ノ為ルコトハ我カ地ニ
則一也貴国下シテレ令ヲ永ク不レ許サニ人徃テ漁採スルコトヲ書示丁寧可シレ
保ツニ久遠ノ之無キヲレ他甚善シ甚善シ我カ国所ニ以ノ処スルニレ之ニ者ノハ則
鬱島自カラ是レ我カ地分ニ付シテ官吏ニ以レ時ヲ巡検シ厳ニ察スニ両地ノ人之
殽雑ヲ其レ在テニ防キレ微ヲ慮ルノレ患ヲ之道ニ誠ニ不レ可ラレ忽ニス何ソ待シヤニ

貴州細伝左右面嘱之言且接諸奉行文字備悉委折矣鬱島之為我地輿図
所載文跡昭然無論彼遠此近疆界自別貴州既知鬱陵与竹島為一島而二
名則其名雖異其為我地則一也貴国下令永不許人徃漁採書示丁寧可保
久遠之無他甚善甚善我国所以処之者則鬱島自是我地分付官吏以時巡
検厳察両地人之殽雑其在防微慮患之道誠不可忽何待

細に左右面嘱の言を伝え、且つ諸奉行の文字に接して備に委折を悉
す。鬱島の我が地と為す、輿図に載する所、文跡昭然として、彼に
遠くして此に近きこと、論ずること無し。疆界は自ら別る。貴州既
に鬱陵と竹島と一島にして二名と為すと知るとき、則ち其の名、異
なると雖も、其の我が地と為すこと、則ち一なり。貴国、令を下し
て、永く人徃きて漁採することを許さず。書示丁寧、久遠を保つべ
きの他無く、甚だ善く甚だ善し。我が国、これに処する所以の者
は、則ち鬱島自から、是れ我が地なり。官吏に分付して時を以て巡
検し、両地の人の殽雑を厳に察す。其れ微を防ぎ、患を慮るの道に

在りて、誠に忽にすべからず。何ぞ

事によって、左右の[臣下が居並ぶ中、平公に]直接お目に掛かり、詳細に、その言をお聞きした事を伝えてきた。且つ[対州の]諸奉行の[記した]文字(書状)に接し、つぶさに委折(こまごました事情)を了解した。欝陵島が我が国の土地であると言うのは、興地図(天下の地図)に載る所で、その文跡は昭然(明らか)である(註1)。彼の[日本からは]遠く、此の[朝鮮からは]近く、そのことは[わざわざ]論ずるまでも無い事である。その[海域の]境界は、おのずから[自他として]別れている。貴州は、すでに欝陵嶋と竹嶋とが一島でありながら、このように二つの名を持っている事を知っている。つまり其の[島の]名は異なっているが、その[島の実体を]我が土地[の欝陵嶋]と為し、一島として則ち[お認めになって下さった。今回]貴国は命令を下し[今後]永く[日本の]人が[この島に]往来し、漁採することを許さないようにして下さった。そのように書示して下さり、丁寧[な対応によって、以後、両国の友好関係は]久遠を保つ他ないと言うまでになった。これは甚だ善い事である。[実に]甚だ善い事である。我が国が、このような事に対処する理由は、とりもなおさず欝陵嶋が、当然ながら我が国の土地だからである。[それゆえ]官吏に[命じ、それぞれに]分付して、定期的に島を巡検し、両地(両国)の人の殽雑(入り交じり)を厳しく監視し、其の[者どもの]微(隠れ逃れる事)を[是非]防ぐべきと考えている。このような厄患を考慮しなければならぬ海路に在って、誠に[その巡検監視の業務は]粗忽に扱うべきものではない。それゆえ、どうしてそのような勤務を

그 일로 좌우의 [신하가 열좌한 가운데, 타이라 공을] 직접 뵙고, 상세히 전해 들은 말씀을 전해 왔다. 또 [타이슈우의] 여러 봉행이 [기록한] 문자(서장)를 접하고, 자세한 사정을 이해했다. 울릉도가 우리나라의 토지라는 것은, 여지도(천하지도)에 게재되어 있어 그 문적은 분명하다. 울릉도가 [일본에서는] 멀고 우리 [조선에서는] 가까워, 그 일은 [일부러] 논할 필요도 없는 것이다. 그 [해역의] 경계는 저절로 [자타로] 나누어져 있다. 귀 주는 이미 울릉도와 죽도가 1도이면서, 이렇게 두 개의 명칭을 갖고 있다는 것을 알고 있다. 즉 그 [섬의] 이름은 다르지만, 그 [섬의 실체를] 우리 토지[의 울릉도]로 하여, 1도로 바로 [인정해 주셨다. 이번에] 귀국은 명령을 내려 [금후] 영원히 [일본] 사람이 [이 섬에] 왕래하며, 어렵하는 일을 허가하지 않는다고 결정하셨다. 그렇게 지시해 주시고 정중[한 대응으로, 이후로 양국의 우호관계는] 영원히 지속될 것이라고 말씀해 주셨다. 이것은 아주 좋은 일이다. [참으로] 잘 된 일이다. 우리나라가 이러한 일에 대처하는 이유는 단적으로 말하자면 울릉도가 분명히 우리나라의 토지이기 때문이다. [그래서] 관리에게 [명해, 각각에게] 분부하여 정기적으로 섬을 순검하여 양국 사람이 뒤섞이는 일이 없도록 엄중히 감시해, 그런 [자들이] 숨어드는 일을 [반드시] 방지해야 한다고 생각하고 있다. 이 같은 우환을 고려하지 않으면 안 되는 해로에 있어, [그 순검 감시의 업무는] 소홀히 할 수 없는 일이다. 때문에 어찌 그러한 업무를

勸喻之禮義上年漂氓事濱海之人舉以舟揖為
業颿風炎忽易及飄盪以至冒越重溟轉以
貴國豈可以此有所致疑於遂定約而使他路乎蓋其
書誠有妄作之罪破已施幽殛之典以為懲戒之地易
勅治海中明禁令更益務誠信以全大體更勿生事於
當聽廟非役此之所大領者歟
左右阮
勅親喻於辦使諸奉行亦有之文字而然且與一命行李
奉書契以來者似是

勤嘱ノ之縷縷ヲ―哉上年漂氓ノ事浜海ノ之人率子以テレ舟楫ヲ為レ業ト颶風
焱忽トシテ易シテレ及ヒ二瓢盪ニ―以テ至ル下冒二越シテ重溟ヲ―転シ中入ルニ貴国ニ―
上豈ニ可シヤ以テレ此有ルニレ所レ致スレ疑ヲ於レ違フテ二定約ニ―而由ルニ中他路
ニ上乎若キ二其ノ呈書ノ―誠ニ有リ二妄作ノ之罪ニ―故ニ已ニ施テ二幽殛ノ之典ヲ―
以テ為シ二懲戢之地ト―另ニ勅シテ二沿海ニ―申二明シ禁令ヲ―矣益々務テ二誠信
ヲ―以テ全シ二大体ヲ―更ニ勿シンハレ生スルコト二事ヲ於邉疆ニ―庸テ非スヤト彼此ノ
之所ノ二大ニ願フ―者ノ二上耶左右既ニ勤テ親二嘱ス於訳使ニ―諸奉行亦タ有リ二
文字ニ―而然レトモ且ツ無シ下一介ノ行李奉シテ二書契ヲ―以テ来ル者ノ上似タリ下是レ

勤嘱之縷縷哉上年漂氓事浜海之人率以舟楫為業颶風焱忽易及瓢盪以
至冒越重溟転入貴国豈可以此有所致疑於違定約而由他路乎若其呈書
誠有妄作之罪故已施幽殛之典以為懲戢之地另勅沿海申明禁令矣益務
誠信以全大体更勿生事於邉疆庸非彼此之所大願者耶左右既勤親嘱於
訳使諸奉行亦有文字而然且無一介行李奉書契以来者似是

勤嘱の縷縷を待たんや。上年、漂氓の事、浜海の人率いて舟楫を以
て業と為し、颶風の焱忽として、瓢盪に及び易し。以て重溟を冒越
して、入るに貴国に転じ至る。豈に此を以て疑い、定約に違いて他
路に由るに致す所、有るべけんや。其の呈書のごとき、誠に妄作の
罪有り。故に已に幽殛の典を施して、以て懲戢の地と為し、另に沿
海に勅して禁令を申明にし、益々誠信を務めて以て大体を全うし、
更に事を邉疆に生ずること勿んば、庸いて彼此の大いに願う所の者
に非ずや。左右既に勤るに訳使に親嘱す。諸奉行、亦た文字有り。
然れども且つ一介の行李、書契を奉じて、以て来る者無し。是れ

[日本に]委嘱し、その縷縷(こまごま)の「報告」を待つわけがあろう
か。[それは、こちらで当然しなければならぬものである。そのよう
な中で]上年(昨年)漂流した賎しい民の事があった。浜海の人を率い
て舟楫(水運)を以て業とする者の事である。[彼らの舟は]帆風が突如
激しく吹けば、容易に揺れ翻って流されてしまう。それゆえ重溟(海
域)を冒して越え、貴国に転入してしまった。どうして此のような[賎
しい民の]事で[我が国の誠意に]疑いを掛ける事が有るだろうか。定
約に相違し[対馬とは違う]他路によって[この賎しい民が渡海を]致し
てしまったが、其のような[者どもが、この他路で]書を呈した事は、
誠に妄作の罪と言うもので有る。それゆえ既に[こちらでは、この者
どもを捕らえ]幽閉している。殛(死刑)の刑罰を施し、懲らしめ[この
事を]戢(おさめ)ようと[処刑の]地を定めている処である。そして別
途、沿海に勅を下し、禁令を以て[海辺の民に境域を冒さぬよう]明確
に申し伝えた。これによって[日本と朝鮮の両国は]益々誠信[の交わ
りに]務め、大いなる体制を全う[できるようになるであろう。]更に
[言葉を添えて言えば、紛争の]事案が辺境に生ずる事の無いよう[互
いに配慮]しなければならない。そのような事を、貴国の人たちも、
そして我が国の人たちも、大いに願っている所であり、そうで無い
筈は無い。[貴国の]左右[に近侍する諸奉行の方達も、この事をよく
承知なさり]お勤めをなさっている。そして[我が国の]訳使に親しく
声を掛けて下さった。諸奉行からは、また文字(書簡)のお手渡しが
有った。然しながら[今回、貴国が法令を下し、島への渡海禁止を決
定した事については]わずか一介の使者すら、書契を奉じて[我が国
に]来航する者はいなかった。

[일본에] 위촉하여 세세한 보고를 기다리겠는가. [그것은 이쪽에서 당연히 하지 않으면 안 되는 일이다. 그러던 중] 작년에 표류한 천민의 일이 있었다. 해변 사람을 인솔하여 주즙(수운)을 업으로 하는 자이다. [그들의 배는] 범풍이 갑자기 심하게 불면 쉽게 흔들려 뒤집혀 표류하고 만다. 그래서 해역을 침범해 귀국에 들어가고 말았다. 어찌 그 같은 [천민의] 일로 [우리나라의 성의를] 의심하는가. 약정과 달리 [쓰시마가 아닌] 다른 길로 [이 천민이 도해]하고 말았지만, 그 같은 [자들이 타로를 통해] 서간을 상신한 일은 그야말로 망작의 죄라고 하는 것이다. 때문에 이미 [이쪽에서는 이자들을 포획해] 유폐하고 있다. 극(사형) 형벌을 집행하여 [이 일을] 수습하기 위해 [처형할] 곳을 정하고 있다. 그리고 별도로 연해에 칙령을 내려, 금령으로 [해변민에게 경계를 범하지 않도록] 명확하게 전했다. 이것으로 [일본과 조선 양국은] 더욱 성신[의 교류에] 노력하여, 광대한 체제를 완성[할 수 있게 될 것이다.] 또 [첨언하자면 분쟁] 사안이 변경에 생기는 일이 없도록 [서로 배려]하지 않으면 안 된다. 그러한 일을 귀국 사람들도 그리고 우리나라 사람들도 절실히 원하고 있어, 그렇지 않을 리가 없다. [귀국의] 좌우[에 시중하는 여러 봉행 분들도 이 일을 잘 이해하시고] 노력하고 계신다. 그리고 [우리나라의] 통사에게 친히 말씀해 주셨다. 여러 봉행은 또 문자(서간)를 전해 주셨다. 그러나 [이번에 귀국이 법령을 내려, 섬의 도해금지를 결정한 일에 대해서는] 단 한 명의 사자조차 서계를 가지고 [우리나라에] 내항하지 않았다.

左右深

念舊約不欲緣外送之憾之

意故先此修續展布多少送中萊館使之轉致統

希

諒照不宣

丁卯年二月　日

　　禮曹參議朴

　　　　世煥

左右深ク念テ二旧約ヲ一不ルノレ欲セ二規外送ルコトヲ一レ差ヲ之意ニ甲故ニ先ツ此ニ修メレ牘ヲ展二布シテ多少ヲ一送リ二于莱館ニ一使シテ下レ之ヲ転シ致サ上統希クハ諒照セヨ不宣

丁丑年七月　日

礼曹衆議朴世燁

左右深念旧約不欲規外送差之意故先此修牘展布多少送于莱館使之転致統希諒照不宣

丁丑年七月　日

礼曹衆議　朴世燁

左右深く旧約を念いて、規外に差を送ること、欲せざるの意に似たり。故に先ず此に牘を修め、多少を展布して莱館に送り、これを使して転じ致さしめむ。統て希くば諒照せよ。不宣。

丁丑年七月　日

礼曹参議　朴世燁

これは左右[の臣下の方達が]深く旧約条を念頭に置き、その規則に定めた以外、差使を送るようなことが無いよう[普段から]注意をして下さっている事に、よく似ている。それゆえ[今回、知らせを敢えて送って寄越さなかったのであろう。]先ず、ここに牘(文書)を[作り]修め、多少を展布して、東莱府の館に送る。ここから使者を遣わし[貴国へ、この]書簡を送致させようと思う。[意を尽くすには足りないが]統てを希くば諒照(了承)していただきたい。不宣(充分には宣べ得ないで終わったが了解せられたい。)

丁丑年七月　日

礼曹参議 朴世燫

이것은 좌우[의 신하들이] 구조약을 염두에 두고, 그 규칙으로 정한 것 이외에 사자를 보내는 일이 없도록 [항상] 주의하고 계신 일과 일맥상통하는 일이다. 그래서 [이번에 통지를 일부러 보내지 않았을 것이다.] 우선 여기에 판(문서)을 [작성해] 정리하여, 다소 전포해 동래부관에 보낸다. 이곳에서 사자를 파견해 [귀국에 이] 서간을 송치하게 할 것이다. [뜻을 전부 전하기에는 부족하지만] 바라건대 모든 것을 이해해 주셨으면 한다. 부선(충분히 말씀드리지 못했지만 이해해 주시길 바란다.)

정축년 7월　일

예조 참의 박세준

(48-02)

〃七月廿一日訓導別差書簡写館守裁判方江持参ニ付披見之処此方よ
り御嫌被成候文句四ヶ条之内貴州始錯与申儀斗差除有之且又諸
奉行之文字与申所少々文句直り来候ニ付館守裁判方より東莱江訓
導別差を以申談候ハ欝嶋之為我地与御座候儀前以申入候通今度
貴国より之御書簡ニ御書載被成不及為相知事ニ御座候弥御除被成
候様ニ与申達候得共又々御書載被成不宜存候第一

(48-02)

〃七月二十一日、訓導と別差が書簡の写しを館守および裁判方へ
持参した。それゆえ、これを披見した。[以前の書簡には]こちら
が嫌った文句が四箇条ほどあった。[今回の書簡は]その中の「貴
州は始め錯り」と言う所だけを差し除いただけである。かつ又「
諸奉行の文字」と言う所があるが、ここは少々文句が訂正されて
いただけである。そのような事で、館守および裁判方から東莱
へ、訓導と別差を介して[さらに修正を]申し伝えた。「欝嶋の我
が地と為す」とある所は、前にも申し入れた通り、今度の貴国か
らの御書簡には御書き載せに成る必要は無い。そのように、お
知らせして置いた事である。これは是非、御除きに成るように
と申し伝えた。だが又々[今回]御書き載せに成られた。これは宜
しく無い事である。[そのような中で]第一[に修正を希望する箇
所は]

(48-02)

〃 7월 21일, 훈도와 별차가 서간 사본을 관수와 재판 쪽에 지참했다. 그래서 그것을 배견했다. [이전 서간에는] 이쪽이 원하지 않는 문구가 4개 조항 정도 있었다. [이번 서간은] 그중 '귀 주가 처음에는 착각하여'라는 부분만을 삭제하였다. 그리고 또 '여러 봉행의 문자'라는 부분이 있는데, 이곳은 문구가 약간 정정되었을 뿐이다. 그 같은 일로 관수와 재판이 동래에 훈도와 별차를 통해 [다시 수정을] 요구했다. '울도를 우리 땅으로 한다'라는 곳은 전에도 요구한 대로, 이번에 귀국이 보낸 서간에 기재할 필요가 없다. 그렇게 전갈해 둔 부분이다. 이것은 꼭 삭제하도록 전했다. 그러나 [이번에] 또 기재하셨다. 이것은 좋지 않은 일이다. [그러던 중] 가장 [수정을 희망하는 부분은]

諸奉行之文字与御座候処前方より申通東武より御差図無之所ニ書付相
渡候与有之而ハ東武より御不審御座候時刑部大輔殿迷惑ニ可被存候諸
奉行之書付之儀者朝廷方江差出候様ニ与為相渡書付ニ而無御座候渡海
訳官詞通シ兼候故口上之覚書を望候故諸奉行より刑部大輔殿口上を
以被申渡候通書付相渡候此方より之書簡同前与被思召書簡之内ニ御書
加江候段重而証文ニ

「諸奉行の文字」と言う所である。以前から申している通り、東武か
ら御差図が無いのに[対州から]書き付けを渡したと有っては、東武か
ら御不審を受けた際、刑部大輔殿に迷惑が及ぶ。諸奉行からの書き
付けというのは、朝廷方へ差し出す様にと[そのように言って]渡した
書き付けでは無い。渡海の訳官は、日本の言葉が通じ兼ねるので[そ
れゆえ彼らは]口上の覚書を望んだ。そこで諸奉行から、刑部大輔殿
が口上で申し渡した通りを書き付けにして[彼らに]渡した。それを此
方からの[正式]書簡と同様にお考え[になってはならない。

‘여러 봉행의 문자’라는 곳이다. 이전부터 요구하고 있듯이 동무의 지
시가 없는데 [타이슈우에서] 서부를 전했다고 있으면 동무가 수상히
여기셔, 교우부 타이후가 곤란해진다. 여러 봉행의 서부라는 것은 조
정 측에 제출하라고 [그렇게 말하며] 전한 서부가 아니다. 도해 역관
은 일본 말이 잘 통하지 않아 [그렇기 때문에 그들은] 구상 각서를 원
했다. 그래서 여러 봉행이 교우부 타이후가 구상으로 전하신 그대로
를 서부로 해서 [그들에게] 건넸다. 그것을 이쪽에서 보내는 [정식]
서간과 같이 생각[해서는 안 된다.

被思召書簡之内ニ御書加江候段重而証文ニ罷成書付にて無御座候両国
大切成儀を対州之諸奉行訳官ニ書付相渡候を証文之様ニ被思召候段御
了簡違ニ而候此段書簡ニ御座候而者東武江差上候儀決而不罷成候弥諸
奉行之文字与御座候処御除被成候様今一応都江御注進書改参候様被成
可被下候

それを、こちらへの謝書の]書簡の内に御書き加えなさった事は[宜し
く無い事である。]重ねて[申す事ではあるが]これは証文に成るよう
な書付では無い。両国[にとって]大切な事を[忘れないようにと]対州
の諸奉行が書き付けて訳官に渡しただけのものであり、証文の様に
お考えになられては、それは了簡違いである。この事は[このような
正式]書簡においては[あってはならない事であり、そのような書簡
を]東武へ差し上げる事は決して出来ない。いよいよ諸奉行の文字と
ある処を、御除き下さるよう、今一度、都へ御注進なさっていただ
きたい。そして書き改めていただきたい。

그것을 이쪽에 보내는 감사] 서간 안에 첨부하신 일은 [좋지 않은 일
이다.] 거듭 [말씀드리지만] 이것은 증서가 되는 서부가 아니다. 양국
[에] 중요한 일을 [잊어버리지 않도록] 타이슈우의 제 봉행이 기록해
역관에게 전한 것일 뿐, 증서로 생각하면 그것은 잘못 이해하신 것이
다. 이 일은 [이 같은 정식] 서간에는 [있어서는 안 되는 일로, 그 같
은 서간을] 동무에 상신하는 일은 절대 할 수 없다. 그러므로 여러 봉
행이라는 문자를 삭제해 주실 것을 지금 다시 한 번, 도성에 주진해
주셨으면 한다. 그리고 개서해 주셨으면 한다.

右二ヶ條も做ひ除け候様雖成候も真元候

此方ゟ蔵も置候得共口上をいゐなり候ゟ後変ニ

候疊ゟ置豊末ゟ蔵ゟ詰宿と對刻ゟ越候

口上をいゝ返事てゝ候仰いちゝゝとい

ゝ扱も候上可成とゝ存名も丈ゝ候民

ゝもかと可読宮可川一文章をゝ書くゝ

何角入組六ヶ國ゟ置ゟ宮を置ゝ双方え

以口上相冊ゟゝゝまてゝ候ゟ置ゝ双方え

候話宮ゟゝゝ候ゝ口上可とゝ候乱

〃右二ヶ条之儀御除被成儀難成被思召候者此方より茂無書簡ニ口上
　を以為被申渡事ニ御座候間貴国より茂訳官を対州江被差渡口上を
　以御返事可被仰聞候書簡を以御礼被仰上可然与存其旨申達候得
　共此方より申通無御承引不入事を御書加へ何角入組六ヶ敷御座
　候間無書簡双方共以口上相済候得ハ夫ニても無別条済申事ニ候弥
　訳官被差渡以口上可被仰達候

〃右の二箇条の事を除くことはできないと[もし]お考えになられる
　のであれば、こちらからも書簡が無く、口上を以て申し渡した
　事でもあり[同じような扱いで、感謝の御返事をいただきたい。
　すなわち]貴国から訳官を対州へお渡しになられ、その[訳官の]
　口上を以て御返事をお聞かせいただきたい。[これまでは]書簡を
　以て御礼を言って頂ければ良いと、そのように思い、その旨を
　申し伝えて来たが、此方から申す通りの[事に対し、そちらの]御
　承引が無い。むしろ不必要の事を御書き加えなさるので、何か
　と入り組んで、事が難しくなってしまう。それゆえ書簡など無
　くて、双方共が口上を以て済ませてしまえば、それで別条無く
　済んでしまう。それだけの事である。そうであれば、いよいよ
　訳官をお渡し下さって、その口上を以て[こちらに御礼を]伝えて
　下さればよい。

〃 위의 두 조항을 삭제할 수 없다고 [만일] 생각하신다면, 이쪽에
　서도 서간 없이 구상으로 전했기 때문에 [같은 방법으로 감사 답
　변을 주셨으면 한다. 즉] 귀국에서 역관을 타이슈우에 파견해, 그

[역관의] 구상으로 답변을 들려 주셨으면 한다. [지금까지는] 서간으로 감사의 말을 해주시면 좋겠다고 생각하고 그런 뜻을 전해 왔으나, 이쪽에서 요구하는 [일에 대해 그쪽의] 양해가 없다. 오히려 필요 없는 일을 기록하시어, 일이 복잡해지고 일이 성사되기 어려워진다. 그러므로 서간 등은 없어도, 쌍방이 구상으로 일을 끝내면 그것으로 별문제 없이 해결된다. 그것으로 충분하다. 그렇게 되면 역관을 파견하시어, 그 구상으로 [이쪽에 감사의 뜻을] 전해 주시면 된다.

〃書簡被書改儀又ハ訳官被差渡儀両様共ニ難成思召候者兎角此方より書簡を以不申渡候ニ付御不審ニ思召此方より申通ニ無御合点様子ニ候此上者竹嶋之一件口上を以被仰達候得共貴国㋜無御合点日本㋜之御礼之儀聢不被仰聞候段東武㋜申上参判之使者を以御書簡被差渡候様ニ可申上候哉然時者何分ニ可被仰付も難斗候

〃書簡を書き改める事、又は訳官を差し渡す事、この両方共に成り難いとお考えになられるのであれば[それも致し方ない事である。]兎も角も、こちらから書簡を以て[そちらに]申し伝えなかったので[その事を]御不審に思い、こちらから申す事を、その通りであると[そちらは]御合点なさらないのであろう。この上は、竹嶋の一件を、口上を以て[貴国へ]お伝えしたが、貴国では御合点が無く、日本への御礼を、しっかりとは伝えて来なかったと、そのように東武へ申し上げ[改めて]参判の使者を以て御書簡を差し渡されるよう、申し上げるつもりである。そうなれば[東武はこの件に関し、今後]どのような対処をなさるのか[こちらでは]予想が付かない。

〃서간을 개서하는 일 또는 역관을 파견하는 일, 이 두 가지 모두 하기 어렵다고 생각하신다면 [그것도 어쩔 수 없는 일이다.] 어쨌든 이쪽에서 서간으로 [그쪽에] 전하지 않았으므로 [그 일을] 이상하게 생각하시고, 이쪽에서 전한 일에 수긍한다고 [그쪽은] 승낙하지 않을 것이다. 이번에는 죽도일건을 구상으로 [귀국에] 전했는데, 귀국에서는 납득하지 않고 일본에 대한 사의를 분명

하게 전해 오지 않았다고, 그렇게 동무에 말씀드려 [다시] 참판
의 사신을 보내, 서간을 전하시도록 말씀드릴 생각이다. 그렇게
되면 [동무는 이 건에 관해 금후] 어떻게 대처하실 것인지 [이쪽
에서는] 예상할 수 없다.

夫とても不苦被思召候者其通㆓も可致候右三ヶ条之内いつれ成共御同
意之方可被仰聞候如何様㆓候而も只今之書簡㆓而ハ東武㆓差出候儀曾
而不罷成候東莱㆓茂能御思案被成いつれ共早々相済東武㆓之御案内
延々不罷成様仕度事㆓候旨申達ル

それでも構わないと言うお考えであれば、その通りに致すつもりで
ある。右の三箇条の内、いずれでも構わないので、そのいずれなり
と御同意して[それを、こちらに]お聞かせいただきたい。どのようで
あっても、この今の書簡では東武へ差し出す事は、全く罷りならぬ
事である。東莱府使も[この事を]充分に御思案に成られ[都へ御注進
なさり、その上で]、いずれであっても[よいので、この御同意を]
早々に済ませ[て頂きたい。]東武への御報告が、延々と伸びて行って
は[事態は悪化する。]そう成らぬように仕度いものと、そのような趣
旨を[あちらに]申し伝えた。

그래도 상관없다는 생각이시라면 그렇게 할 생각이다. 위의 3개 조
중 어느 것이든 상관없으니, 어느 것에 동의할 것인지 [그것을 이쪽
에] 알려주셨으면 한다. 어느 쪽이든 지금 이 서간을 동무에게 제출
하는 일은 도저히 할 수 없는 일이다. 동래부사도 [이 일을] 충분히
생각하여 [도성에 주진하고, 그런 후에] 어떤 것이라도 [좋으니 동의
를] 서둘러 마쳐 [주셨으면 한다.] 동무로의 보고가 자꾸 연기되면
[사태는 악화된다.] 그렇게 되지 않도록, 그 같은 취지를 [저쪽에] 전
갈했다.

(48-03)

〃右之通館守裁判より申達候所東莱より訓導別差を以返答申来候
ハ被仰下候趣承届候今度書改参候書簡之内欝嶋之為我地与有之
儀又者諸奉行之文字与御座候二ヶ条之儀冝不被思召候間今一応
致注進除之候様ニ与之御事此二ヶ条之儀も不被致書載候様ニ申遣
候得共都より申来候者今度書改差

(48-03)

〃右の通りに館守および裁判から[あちらに]申し伝えた所、東莱府
使から訓導と別差とを以て返答を申して来た。それによれば、
お伝え下さった御趣旨については承った。今度、書き改めて
参った書簡の内「欝嶋の我が地と為す」と有る所、また「諸奉行の
文字」と有る所、この二箇条の事が宜しく無いと、そのようにお
考えになるので、今一応、注進を致して取り除く様にと[そちら
からの御希望があったことを承った。]この二箇条の事について
は、書き載せる事を致されぬ様にと、そのような事を[すでに都
へと]申し遣わしている。だが都から申して来た事は、今度、書
き改め差し

(48-03)

〃위와 같이 관수와 재판이 [저쪽에] 전하자, 동래부사가 훈도와
별차를 통해 답변해 왔다. 그에 의하면 전해 주신 취지에 대해서
는 이해했다. 이번에 수정해 온 서간 안의 '울도를 우리 땅으로
하는'이라는 부분, 또 '여러 봉행의 문자'라는 부분, 이 2개 조가

좋지 않다고 그렇게 생각하시기 때문에, 지금 일단 주진하여 삭제해 달라는 [그쪽의 희망이 있다는 것을 알았다.] 이 2개 조의 일에 대해서는 기재하지 않도록, 그러한 일을 [이미 도성에] 전했다. 그러나 도성에서 전해 온 것은 이번에 개서하여

下候書翰之儀裁判より段々被申聞其上東莱より委細ニ申登候付書簡之内成程結構ニ認差下候欝嶋之為我地ㇶ諸奉行文字与有之儀者書載不仕候而難成事候子細者日本より書簡茂無之口上ニ而被仰渡候得者責而諸奉行之書付を証文ニ不仕候而難成事候

下した書簡の事については[これまで、そちらの]裁判から色々と申し聞かされており、其の上、東莱府使からも委細に報告が上がって来たので、それを[踏まえて作成したものであるという。]書簡の内容は、成る程[と思うほど]結構にしたためてあり[それゆえ]差し下したものであるという。「欝嶋の我が地と為す」および「諸奉行の文字」と、このように有る所は[今回の外交交渉では、是非]書き載せていなくてはならぬ所である。その[理由の]子細について言えば、日本からの書簡も無く、口上によってのみ仰せ渡された事であるので、せめて諸奉行の書付だけでも証文にしなければ[その事実が有った事の証拠に]成り難いと言う事である。

보낸 서간에 관해서는 [지금까지 그쪽] 재판으로부터 여러모로 듣고 있고, 게다가 동래부사로부터도 자세한 보고가 올라왔기 때문에 그것을 [토대로 작성한 것이라 한다.] 서간 내용은 납득될 [정도로] 잘 기록되어 있어 [그래서] 내려보낸 것이라고 한다. '울도를 우리 땅으로 한다' 및 '여러 봉행의 문자'라는 부분은 [이번 외교교섭에서는 꼭] 기재하지 않으면 안 되는 곳이다. 그 [이유를] 상세히 말하자면 일본은 서간도 보내지 않고 구상으로만 전해 왔기 때문에, 적어도 여러 봉행의 서부만이라도 증서로 하지 않으면 [그 사실이 있었다는 증거가] 성립되기 어렵다는 것이다.

欝嶋之為我地与有之儀右二ヶ条者日本ニ差渡候書簡ニ書入置候与御座
候而者後々之証文ニ罷成候儀を存書載候間左様ニ心得候様ニ申来候雖
然諸奉行之文字与有之所恰合能書直差越候由申来候諸奉行之文字与
御座候儀東武より御差図無之事

[それと共に]欝嶋の我が地と為すと有る所、この[事も含めた]右の二
箇条は、日本に差し渡した書簡の中に[きちんと、これを]書き入れて
置くべき[重要事項]である。その理由は[繰り返す事になるが、これ
が]後々の証文に成ると言う事である。そのように思ったので[こうし
て]書き載せて置いた。そのように心得るようにと[こちらに]申し伝
えて来た。また、そうではあるが諸奉行の文字と有る所は[文意が]
ぴったりと合うよう、能く書き直して[改まったものを]差し遣わした
と[そのようにも]申し伝えて来た。また、諸奉行の文字と有る所は
[貴州からは]東武からの御差図に無い事であり、

[그와 함께] 울도를 우리 땅으로 한다는 부분, 이[것도 포함한] 위의
2개 조는 일본에 전한 서간 중에 [분명히 이것을] 기입해 두어야 하는
[중요 사항]이다. 그 이유는 [반복되지만, 이것이] 후일의 증서가 되는
것이다. 그렇게 생각했기 때문에 [이렇게] 기재해 두었다. 그렇게 이
해하라고 [이쪽에] 전해 왔다. 또 그렇지만 여러 봉행이라는 부분은
[문의가] 잘 통하도록, 수정해서 [수정한 것을] 보냈다고 [그런 일도]
전해 왔다. 또한 여러 봉행이라는 부분은 [귀 주에서는] 동무의 지시
에 없는 일로

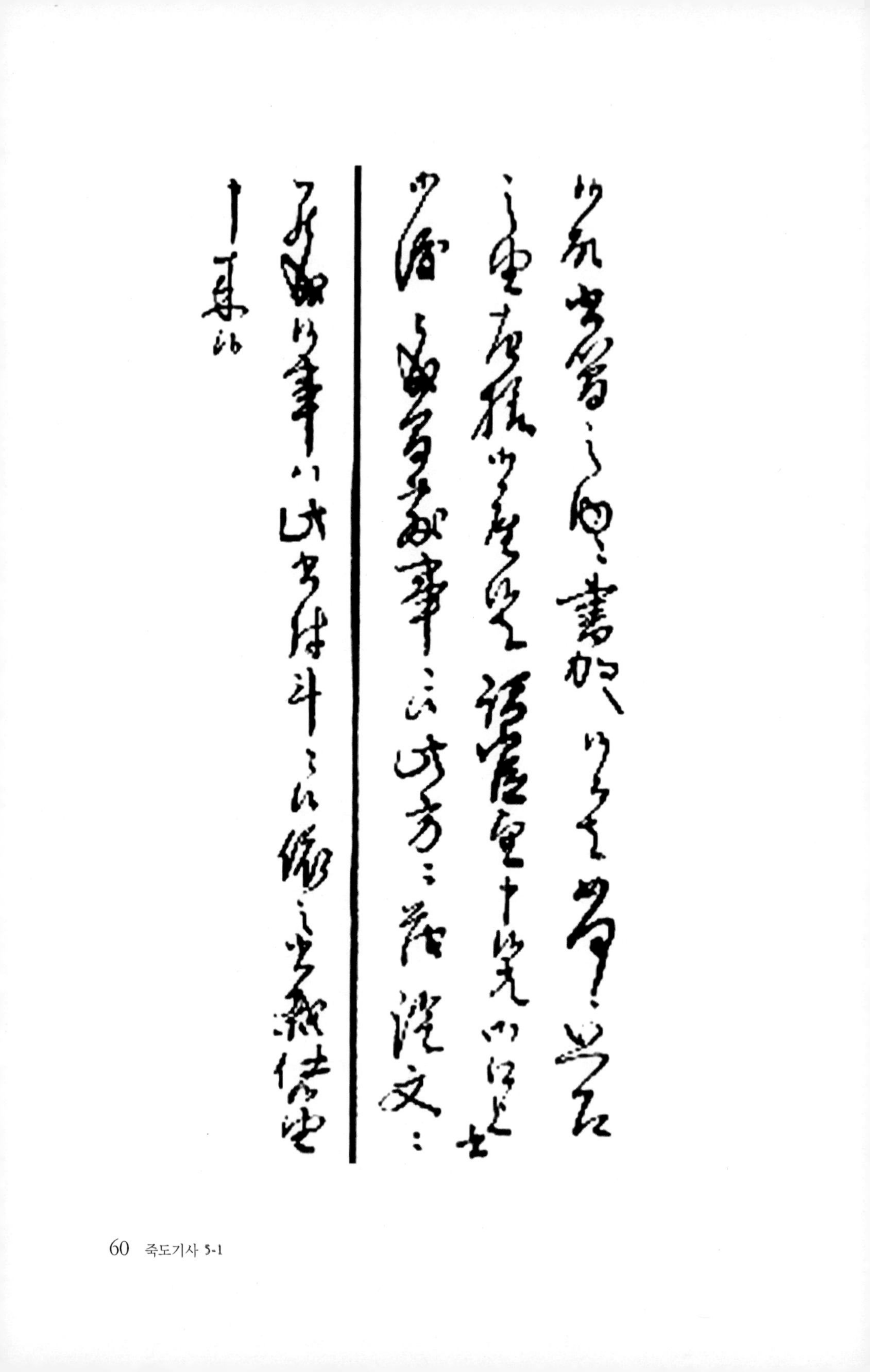

候故書簡之内ニ書加へ候而者如何ニ思召之由左様御座候者訳官望申候
共御口上書御渡被成間敷事ニ候此方ニ茂証文ニ罷成候事ハ此書付斗ニ候
依之書載仕候由申来候

それゆえ書簡の内に書き加えては[東武が果たして]どのようにお考え
になるか分からないと[そのようにもお伝え下った。]だが訳官が[正
式の御書簡を]望んだものの[その旨の]御口上書を[こちらに]御渡しに
は成られなかった。そのようであれば、こちらには証文に成るよう
なものは[何も無い。ただ僅かに]この書付けばかりが有るだけの事で
ある。[それゆえ、その事実を記録に留め置いておかなければ、この
件に関して正しい決着とはならない。]そのような理由で、この事は
書き載せていると、そのように申し伝えて来た。

때문에 서간 안에 기록하면 [동무가 과연] 어떻게 생각하실지 모른다
고 [그렇게 전해 주셨다.] 그러나 역관이 [정식 서간을] 원했지만 [그
런 내용의] 구상서를 [이쪽에] 전해 주지 않으셨다. 그렇다면 이쪽에
는 증서가 될 만한 것이 [아무것도 없다. 다만 겨우] 이 서부만이 있
을 뿐이다. [그래서 이 사실을 기록에 남겨 두지 않으면, 이 건에 관해
올바른 해결이 나지 않는다.] 그러한 이유로 이 일은 기재하였다고,
그렇게 전해 왔다.

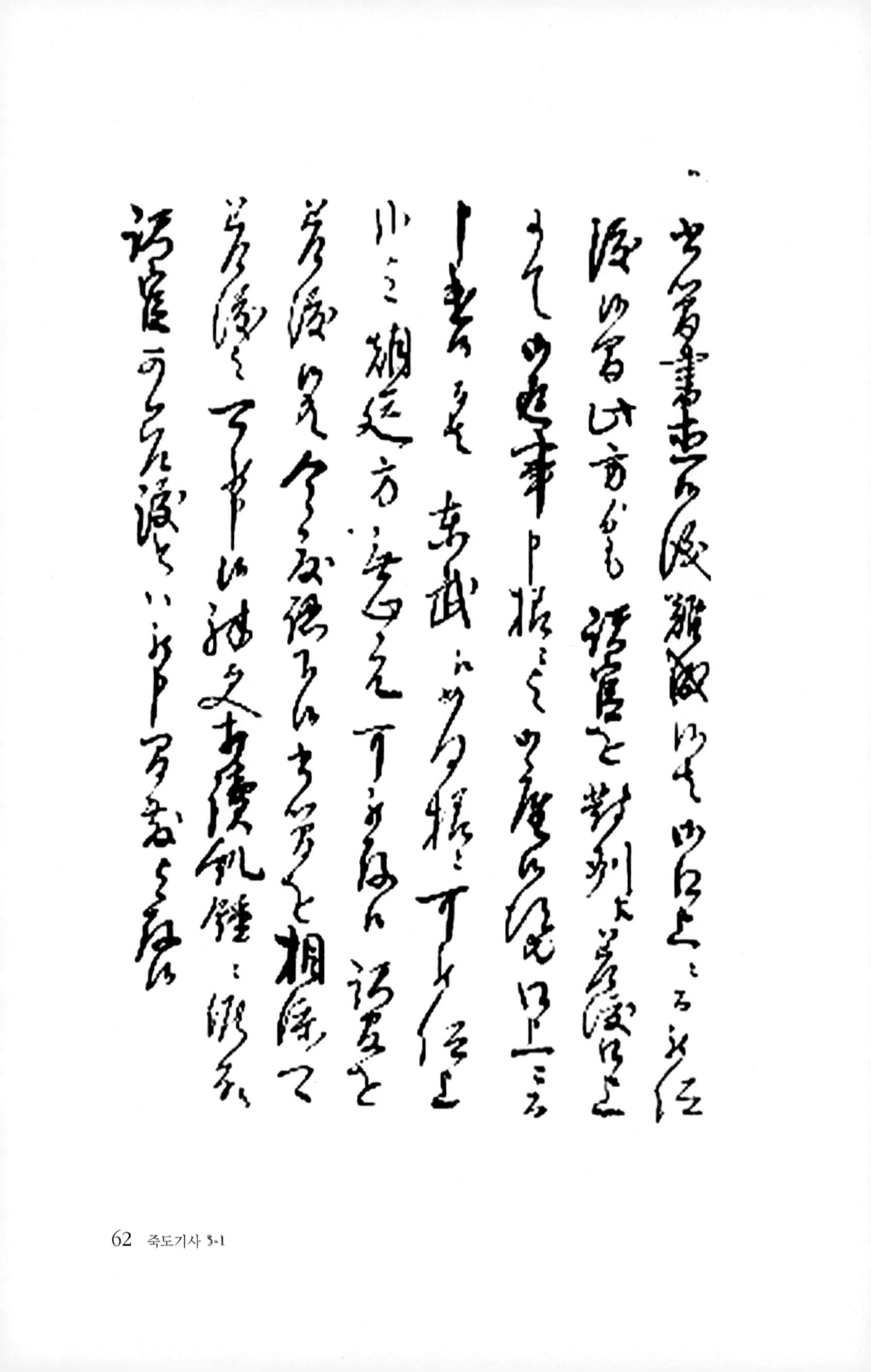

〃書簡書直候儀難成候者御口上ニ而被仰渡候間此方よりも訳官を対
州江差渡口上にて御返事申様ニ与御座候得共口上ニ而申遣候而者
東武江如何様ニ可被仰上哉与朝廷方無心元可被存候訳官を差渡候
共今度認下候書簡を相添可差渡与可被申候殊更打続飢饉ニ候故訳
官可差渡とハ被申間敷与存候

〃[もしも]書簡を書き直す事が難しいと言う事であれば、御口上で
お伝え下さいとの事で、こちらから訳官を対州へ差し渡し、口
上で御返事を申す様にとの[要請が]ある。だが[こちらが]口上で
申し伝えては[対州が]東武へどのように御報告をなさるのか[そ
れさえも不明である。間違って伝えるのではないかと]朝廷方は
心元無く思っておられる。[それゆえ、たとえ]訳官を差し渡した
ところで[やはり]この度、したため下したような書簡を添え[対
馬を介し東武へ]差し渡すべきと、そのように[朝廷方では]申さ
れている。だが殊更[今年は]打ち続く飢饉の状態であり[費用の
掛かる]訳官の派遣は[あえて朝廷方では]なさろうなどとは申さ
れないであろう。

〃[만일] 서간을 수정하기 어렵다면 구상으로 전해 달라고, 이쪽에
서 역관을 타이슈우에 파견해 구상으로 답변해 달라는 [요청이]
있었다. 그러나 [이쪽이] 구상으로 전하면 [타이슈우가] 동무에
어떻게 보고하실 것인가 [그조차도 확실하지 않다. 잘못 전달되
지 않을까] 조정 측은 불안하게 생각하고 있다. [그래서 가령] 역
관을 보낸다 해도 [역시] 이번에 기록한 것과 같은 서간을 함께

[쓰시마를 중개로 동무에] 전해야 한다고, 그렇게 [조정은] 말씀
하고 계시다. 그러나 특히 [금년은] 계속되는 기아 문제로 [비용이
드는] 역관 파견은 [조정 측에서는] 하시려고 하지 않을 것이다.

〃御書簡無之候故朝鮮より御礼之書簡相渡候儀難成存候者東武江被
遂御案内参判之使者を以御書簡被差渡候様ニ可被仰上候哉然時者
何分ニ可被仰出も難斗被思召候夫とても不苦被存候者其通可被成
哉与之御事承届候此方より以書簡中間敷与申候者左様ニ茂可被思
召候得共

〃[日本からの]御書簡が無いので、朝鮮からは御礼の書簡をお渡し
する事はできない。そのように東武へ御報告し[あらためて]参判
の使者を以て[日本から]御書簡が[朝鮮へ]差し渡される様に申し
上げるつもりであるという。だがそのような場合[東武から]どの
ような御指示が下るか分からないという。それでも[朝鮮の側が]
構わないとなれば、其の通りに行うと、そのような事を[この度]
伝えて来た。こちらから書簡を以てしては[なかなか御希望に添
う御礼は]申し上げ難いと申した事を、そのようにもお考えに成
られた。だが

〃[일본에서] 서간이 없어, 조선이 사례 서간을 전할 수는 없다. 그
렇게 동무에 보고하고 [다시] 참판 사자를 통해 [일본] 서간을
[조선에] 전하도록 말씀드릴 계획이라고 한다. 그러나 그러할 경
우 [동무가] 어떤 지시를 내릴지 알 수 없다고 한다. 그래도 [조
선 측이] 상관없다고 하면 그렇게 하겠다고, 그 같은 일을 [이번
에] 전해 왔다. 이쪽의 서간을 통해서는 [좀처럼 요구에 맞는 사
의를] 말씀드리기 어렵다는 일을, 그렇게도 생각하셨다. 그러나

成程此方より書簡を以御礼申上候然共書簡之内何角与御嫌被成候故
埒明不申候別而此方之問ハ無御座候弥今度之書簡御請取東武^江可被差
出候此上ハ如何様^ニ被仰聞候而も注進仕儀決而不罷成候由申来

成るだけ、こちらからは書簡を以て御礼を申し上げた。然しながら
書簡の内容について[そちらは]何かと御嫌いに成られ、埒が明かな
い。格別こちらの差し障りは無いので、いよいよ今度の書簡を御受
け取りになられ[それをそのまま]東武へ差し出されるのがよいであろ
う。この上は、どのように申していただいても[都へ]注進する事は決
して罷りならぬ。そのように申して来た。

가능한 한, 이쪽에서는 서간으로 사의를 말씀드렸다. 그러나 서간 내
용에 대해 [그쪽은] 계속 불만스럽게 생각해 해결이 되지 않는다. 이
쪽은 특별한 문제가 없으니, 이번 서간을 수취하여 [그것을 그대로]
동무에 전하시는 것이 좋을 것이다. 이 이상 어떻게 말씀하셔도 [도
성에] 주진하는 일은 결코 안 된다. 그렇게 전해 왔다.

(48-04)

〃右之通東莱返答ニ付館守裁判方より色々訓導別差江申論遣候而も
東莱啓聞之儀請合可被申勢ニ無之候故其趣館守裁判より御国江御
案内申上候付九月十日御国家老中より館守裁判江遣候返書之略左
ニ記之

(48-04)

〃右の通りに東莱府使が返答して来た。それに付いて館守および
裁判方から[あちらの]訓導ならびに別差へ、色々と申し論し[こ
ちらの意見を再度]遣わして見た。だが東莱府使へ上申すること
を請け合うような事は無かった。それゆえ、其のような趣旨
を、館守および裁判から御国(対州)へ報告を申し上げた。それに
付いて、九月十日の日付で御国の家老中から館守および裁判へ
遣わした返書がある。その略を左に記す。

(48-04)

〃위와 같이 동래부사가 답변해 왔다. 그것에 대해 관수와 재판은
[저쪽의] 훈도와 별차를 여러모로 설득하여 [이쪽 의견을 다시]
전해 보았다. 그러나 동래부사에게 상신하는 일을 허락하지 않
았다. 때문에 그 같은 취지를 관수와 재판이 귀국(쓰시마)에 보
고했다. 그것에 대해 9월 10일부로 귀국의 가로가 관수와 재판에
게 보낸 답서가 있다. 그 개략을 아래에 기록한다.

〃此度改来候紙面も此方思召之通＝者無之気毒＝存候乍然其元之勢
此上ハ如何様之儀＝而も思召之通＝者難書改候重而又々何角与申
掛候共埒明申間敷様子＝候間弥直し候様＝被思召上候者別使を以
被仰渡可然之由承届候尤右之書面＝而も公儀江被差上無何事事済
申儀も可有之候得共右以被仰遣候

[御国の家老からの返書]

〃此の度、改められて来た紙面も、こちらの考えていた通りの事
ではなかった。[その方らの努力に対し]気の毒に思う。然しなが
ら、そちら[和館]の趨勢[を考えれば]此の上はどのような[手立て
を尽くしても、こちらの]考え通りに[書簡を]書き改め[て貰う事]
は難しい。重ねて又々何かと[あちらに]申し掛けても、埒が明く
ような様子は無い。どうあっても書き直す様にと、お考えにな
るのであれば、別途の使者を立て[改めて]申し入れをするべきで
あると、そのようにも承った。尤も右の書面であっても、公儀
へ差し上げて、それで支障は無いと思うが、右のように[なお書
き改めを]申し入れるように[こちらの考える]

[쓰시마 가로의 답서]

〃이번에 수정되어 온 지면도 이쪽이 생각하고 있던 내용이 아니
었다. [그쪽의 노력에 대해] 미안하게 생각한다. 그러나 그쪽 [왜
관]의 추세[를 생각하면] 이 이상은 어떤 [방법을 사용해도, 이쪽]
생각대로 [서간을] 개서해 [받는 일은] 어렵다. 계속해서 무엇인
가를 [저쪽에] 요구해도 해결될 것 같지 않다. 어떻게 해서라도

수정하게 하고 싶다면, 별도로 사자를 파견해 [다시] 요구해야
한다고, 그렇게도 요구해 왔다. 원래 위의 서면이라도 장군에게
상신하는 일에 지장은 없다고 생각하지만, 위 같이 [계속 수정할
것을] 요구하도록 [이쪽이 생각하는]

通ニ与思召候故大切ニ被思召上候乍然此上決而難相改事延々ニ罷成手
間取可申様子ニ候者可被成様も無之候間請取可被申候尤悉思召ニハ叶
申間敷候得共此上少ニ而も諸奉行之文字与申儀除申候事又ハ甚善を今
少成共忝儀見へ候様ニ宜罷成候得者猶以公儀之御首尾茂宜御座候然共
其元様子ニより右之書面

通りに行うようにと言うのが[御隠居様の]お考えである。それゆえ、
その[書簡の修正という]事を[なおも]まだ大切にお考えになっておら
れる。然しながら、この上は、もう[書簡が]改められる様な事は難し
いであろう。そのまま延々に罷り成って[いっそう]手間取るばかりの
様子であろう。[修正が]成ると言うような事は[もはや]無いと思わな
ければならない。[そのような場合、もう書簡は、このまま]受け取る
べきという事になる。尤も[そのようになれば]この悉くが[御隠居様
の]お心に叶わない[結果となる。]だがそれでも[今少し、交渉の上で]
ほんの少しでも諸奉行の文字と言う所を取り除く事ができれば、又
は甚だ善しと言う所が、今少しなりと、忝ない事と、そのように見
える様に成ってくれれば[よい事である。そうであれば]猶以て公儀へ
の報告の首尾も宜しい事になる。[そのような交渉を是非お願いした
い。]然しながら、そちらの様子からすれば、右の書面の

대로 행하도록 하라는 것이 [은거하신 분의] 생각이다. 그래서 그 [서
간의 수정이라는] 일을 [아직도] 역시 중요한 일로 생각하고 계신다.
그러나 이 이상 [서간이] 수정되는 일은 어려울 것이다. 그대로 연기
되어 [한층] 복잡해질 것 같다. [수정]되는 일은 [이제] 없다고 생각하

지 않으면 안 된다. [그 경우, 이제 서간은 이대로] 수취해야 한다. 더욱이 [그렇게 되면] 이 모든 일이 [은거하신 분의] 마음에 들지 않는 [결과가 된다.] 그러나 그래도 [지금 약간 교섭하여] 아주 조금이라도 여러 봉행이라는 문자를 삭제할 수 있다면, 또는 매우 좋다는 부분을 조금 더 감사하는 마음이 표현되도록 수정할 수 있다면 [좋은 일이다. 그렇게 되면] 장군에게 보고하기에도 좋다. [그러한 교섭을 부디 부탁한다.] 그러나 그쪽 상황을 보면 위의 서면

之外決而難相改候か又者少々相改候共及遅滞候様子ニ候得者公儀江被
仰上候時節も余り及延引申事ニ候間此段被致了簡必定難成様子ニ候者
右之書簡請取可被申候

外に、もう決して改めることはしない、それは出来ない相談である
と、そのような事であろう。あるいは少々相改める事になっても、
いよいよ遅滞に及ぶと、そのような事であろう。公儀へ報告する時
節が、余りに延引に及ぶと言う事になっては[拙い事である。]そうで
あれば[もう仕方がない。]この[書簡修正の]事は[こちらは]堪え忍ば
なければならない[のかもしれない。]確かに[書き改めは]成り難い様
子であるので[もうこの辺りで覚悟を決め]右の書簡を受け取るべきか
もしれない。

외에, 다시는 수정하지 않는다. 그것은 할 수 없는 부탁이라는 결론일
것이다. 혹은 약간 수정한다고 해도, 다시 연기되는 일이 될 것이다.
장군에게 보고하는 시기가 너무 지연되어도 [좋지 않다.] 그렇다면
[어쩔 수 없다.] 이 [서간 수정의] 일은 [이쪽이] 참지 않으면 안 되는
[일일지도 모른다.] 분명 [개서는] 성립되기 어려운 것 같아, [이제 이
쯤에서 각오를 하고] 위의 서간을 수취해야 할지도 모른다.

〃右之書簡請取被申儀ニ候者掛判事を以東莱迄可被申達ハ此度竹嶋
之儀御誠信を以存之外結構ニ公儀より被仰出候処御礼之書簡書面
不宜候故公儀之思召ニ叶申間敷候此度之儀者此分ニ而相済申事も
可有之候得共已来之儀朝鮮之為ニ罷成間敷候

〃右の書簡を[もし]受け取らない場合、申し掛け[の為の]判事を以
て、東莱府使に迄申し伝えるべき事がある。それは、此の度の
竹嶋の事についてである。御誠信を以て、思いの外に結構な公
儀からの御指図があった。そのような処に、御礼の書簡の書面
が宜しくなかった。それは公儀の[御誠信の]お考えに、そぐわぬ
ものである。この度の事は、この程度の事で済む事にもなるで
あろうが、将来の事に付いては、朝鮮の為には[この事によっ
て、果たしてどのように成るか、それが明確に]成っているわけ
ではない。

〃위의 서간을 [만약] 수취하지 않을 경우, 문제 삼기 [위해] 판사
를 통해 동래부사에게 전해야 하는 일이 있다. 그것은 이번 죽도
일건에 대해서이다. 성신을 가지고 생각 외의 좋은 결과를 장군이
지시했다. 그런데 사례를 표하는 편지 내용이 좋지 않았다. 그것
은 장군의 [성신]에 걸맞지 않는다. 이 일은 이 정도로 끝나게 되
겠지만, 장래 일에 대해서는 조선을 위해서는 [이 일로 인해 과
연 어떻게 될 것인가, 그것이 명확하게] 결정된 것은 아니다.

御隠居様ニ者偏ニ朝鮮之為も以来共ニ冝敷様ニ思召候而紙面之趣御差図
被成候得共朝鮮より何角与事を申募御好之通不被相認候段不誠信之
至ニ候此上者右之書簡請取可申候向後者如何様之儀有之候共互ニ冝敷
相談難成

御隠居様にとっては、偏えに朝鮮の為には、将来ともに宜しい様に
と、そのようなお考えがある。それゆえ御紙面の趣旨を[より良いも
のにと]御指図に成られた。だが朝鮮の側は何かと[様々な]事を申し
募り、御好みの通りに相したためる事をなさらなかった。その事は
不誠信の至りである。この上は[宜しく無い書面ではあるが]右の書簡
を、もう受け取るつもりである。[こうなれば]向後どのような事が
有っても、互いに親しく相談するなどの事は、もう出来ない

은거하신 분으로서는 한결같이 조선을 위해서는 장래에도 좋은 방향
으로 하려는 그러한 생각이시다. 때문에 지면 내용을 [보다 좋게 하
라고] 지시하셨다. 그러나 조선 측은 계속해서 [여러 가지] 이유를 대
며, 원하는 대로 기록하지 않았다. 그 일은 불성신의 극치이다. 이제
는 [좋지 않은 서면이지만] 위의 서간을 어쩔 수 없이 수취할 생각이
다. [이렇게 되면] 향후 어떠한 일이 있어도, 서로 친밀하게 상담하는
일은 더 이상 할 수 없는

首尾ニ候得ハ重而朝鮮之為ニ罷成間敷哉与存候古来より通交之儀を以
双方首尾宜様ニ与思召紙面之御好も候得共此儀を無承引其元之心之侭
ニ毎物有之候上者後々必定朝鮮之為悪敷可有之与存候至其節何角此方
江被申候共曾而御相談罷成間敷候段能申達可被置候今度之御礼之儀者
早々可被申越事ニ候得共段々及延引候付弥以

顛末になってしまった。再び朝鮮の為に[よかれと思って]斡旋するよう
な事は、もはや無いと思っていただかなければならない。古くか
ら[対州は]通交の事について[日本と朝鮮と]双方が都合よく行くよう
配慮し[その間に交わす書簡の]紙面の御好みも[できるだけ整えるよ
うに]致して来た。だが[今回]この[ような配慮および斡旋の]事を御承
引なさる事無く、そちらの心の侭に毎度、物事を[決めようとする。]
そのような有様では、後々に到れば必ず朝鮮の為には悪い結果に成
るであろうと、そのように思う所である。[もしも今後]そのような結
果に陥った時、何かとこちらに[助力を]申されても、もう決して御相
談に乗る事はできない。そのように[東莱府使に]よくよく申し伝えて
置かれたい。今度の御礼の事は[朝鮮から]早々に申し伝えがあるべき
であった。だが色々と[事情があり]延引に及ぶことになってしまっ
た。その事によって、いよいよ以て

전말이 되고 말았다. 다시 조선을 위해 [좋을 것이라고 생각해] 알선
하는 일은 이제 없을 것이라고 생각하셔야 한다. 예부터 [타이슈우는]
통교의 일에 있어 [일본과 조선] 쌍방이 만족하도록 배려하고 [그 사
이에서 교환하는 서간] 내용의 정도도 [가능한 한 조정하도록] 노력

해 왔다. 그러나 [이번] 이[러한 배려 및 알선의] 일을 이해하는 일 없이, 그쪽 마음대로 모든 것을 [정하려고 한다.] 그 같은 태도로는 훗날 반드시 조선에 나쁜 결과가 초래될 것이라고, 그렇게 생각하는 바이다. [만일 금후] 그러한 결과가 됐을 때, 이쪽에 어떤 [조력을] 요구해도, 다시는 절대 상담에 응할 수 없다. 그렇게 [동래부사에게] 분명히 전해 두고 싶다. 이번 사례의 일은 [조선이] 조속히 전했어야 했다. 그러나 여러 가지로 [사정이 있어] 지연되고 말았다. 그 일로 인해, 결국

江戸表之首尾無心元存候故紙面不宜候得共先請取候而帰国仕候由申
届可被置候兎角爰元より者委細御差図も難成候間其元様子能々被見
斗何とそ罷成事候者今少紙面宜敷罷成候様ニ可被仕候決而不罷成事候
者右之書簡請取八右衛門帰国可被仕候依御隠居様御意如此候

江戸表への[報告の]首尾は[悪くなった。まことに]心元無く思ってい
るところである。それゆえ紙面が宜しくなくても、先ずは受け取っ
て、帰国をするつもりであると、そのように[東莱府使に]申し伝えて
いただきたい。兎も角も、こちらからは事の委細について[明確では
ないので、それについて一々]御差図をする事もできない。それゆ
え、そちらで様子を能く能く見られ[ふさわしい]対処を取っていただ
きたい。[あるいは書簡が]何とか[修正でき、もしも、よりふさわし
く]成りそうであれば、今少し紙面が宜しく成るよう[今一度、朝廷に
申し入れを]して欲しい。決して罷り成らぬと言う事であれば[やむを
得ない。]右の書簡を受け取り、八右衛門は帰国をするようにと、御
隠居様の御考えは、このような事である。

에도에 [보고하는] 상황이 [좋지 않게 되었다. 참으로] 불안하게 생각
하는 바이다. 그래서 서면이 좋지 않아도 일단은 수취해서 귀국할 예
정이라고, 그렇게 [동래부사에게] 전해 주었으면 한다. 어쨌든 이쪽에
서는 상세한 일에 대해 [명확하지 않아, 그에 대해 일일이] 지시할 수
도 없다. 그러므로 그쪽에서 상황을 잘 보고 [합당한] 대응을 취했으
면 한다. [혹은 서간을] 어떻게든 [수정할 수 있어, 혹시라도 보다 알
맞게] 될 것 같으면, 내용이 좋아지도록 [다시 한 번 조정을 요구]해

주었으면 한다. 절대 할 수 없는 일이라면 [어쩔 수 없다.] 위의 서간을
수취하여 하치에몬은 귀국하도록, 은거하신 분의 생각은 이와 같다.

(48-05)

〃此時七月廿一日館守裁判より訓別を以東莱江申越候内ニ欝陵之為我
　地与申儀前以申入候通貴国より之御書簡ニ御書載被成候ニ不及為相
　知事ニ御座候弥御除被成候様ニ与申達候得共又々御書載被成不宜存
　候与申ス言葉有之候与左衛門帰国砌疑問を以申論候以後者御書簡
　之内ニ欝陵嶋之事被書込候儀此方より少茂御嫌ひ可被成事ニ

(48-05)

〃此の七月二十一日に、館守および裁判から訓導と別差を以て東
莱へ申し入れた事がある。その内容とは「欝陵の我が地と為す」
と言う箇所の事である。前以て申し入れて置いた通り、貴国か
らの御書簡に書き載せる必要は無いと、そのように知らせてお
いた。しっかりと御除きに成られる様にと、申し伝えて置いた
（註2）。だが[今回も]又々御書き載せに成られた。これは宜しく無
い事であると、そのように[あちらへ]言葉を伝えるものであっ
た。だがこの部分は、すでに与左衛門が帰国の頃、疑問を以て
申し論じていた所である。[それゆえ]それ以後、御書簡の内に欝
陵嶋の事が書き込まれようと[すでに此方からの疑問は伝えてい
る事であり]此方から少しも[その欝陵島の文字を]忌避するような

(48-05)

〃7월 21일, 관수와 재판이 훈도와 별차를 통해 동래부에 요구한
일이 있다. 그 내용이란 '울도를 우리 땅으로 한다'라는 문구에
관해서이다. 전부터 요구한 대로 귀국의 서간에 기재할 필요는

없다고, 그렇게 전해 두었다. 완전히 삭제해 달라고 전해 두었다. 그러나 [이번에도] 역시 기재했다. 이것은 좋지 않다고, 그렇게 [저쪽에] 전갈한 것이다. 그러나 이 부분은 이미 요자에몬이 귀국할 때, 의문을 가지고 논한 부분이다. [그렇기 때문에] 그 후, 서간에 울릉도의 일이 기록되든 [이미 이쪽에서 의문을 제기한 일로] 이쪽은 조금도 [그 울릉도라는 문자를] 기피하는

無之候得者ヶ様之言葉今更又々申出間敷筈ニ候処館守裁判を初メ疑問
を以被仰掛候主意得与落着無之候故如此之言葉ニ及ひ候惣体朝鮮之事
時を歴人かわり候得者彼是与輾転之正意を失ひ候事間々有之彼国よ
り見聞いたし候而ハ不審ニ存し又者不埒ニ可存事ニ候故可慎の甚しき
事ニ候且奉行之文字を被除候様ニ与之事茂日本

[事はせず、またその]必要も無い事であった。だがそのような[疑問
のある]言葉を今更のように又々[この度]申し出て来た。その必要は
無い筈であったのに[書簡の中に書き載せてある。]館守および裁判を
初めとして[和館の者たちは]これに疑問を抱き[敢えて、再度この点
について]仰せ掛けを行うという事になった。[与左衛門が申したこち
らの]主意が[あちらには通用せず、またそれ以後]とくと落着が無
かったので、此のような言葉[の書き付け]に及んだものであろう。一
般的に言えば、朝鮮においては、時を歴て人が変われば、彼れ是れ
と輾転し[政道の]御方針が替わるのは、よく有る事である。それは彼
の国を観察していて、不審に思う所であり、又は不埒にも思う所で
あった。これは是非、改善して貰いたいと[こちらが]思う最優先の事
項であった。そのような事であり、奉行の文字をお除きになる様に
との事についても、日本

[일은 하지 않고, 또 그럴] 필요도 없는 일이었다. 그러나 그 같은 [의
문이 있는] 문구를 새삼스럽게 다시 [이번에] 전해 왔다. 그럴 필요가
없을 텐데 [서간 안에 기재하고 있다.] 관수와 재판을 비롯해 [왜관에
있는 자들은] 이에 의문을 품고 [일부러 다시 이 점에 대해] 불만을

제기하게 되었다. [요자에몬이 요구한 이쪽의] 주된 요구가 [저쪽에는 통하지 않고 또 그 후에] 전혀 해결되지 않았기 때문에, 이 같은 말을 [기록하게] 된 것일 것이다. 일반적으로 말하자면 조선에서는 시간이 지나 사람이 바뀌면, 이것저것 변경되어 [정책] 방침이 변경되는 일이 흔한 일이다. 그것은 그 나라를 관찰하며 이상하게 생각하는 일로, 또한 이해할 수 없는 일이었다. 이것은 꼭 개선해 주었으면 하는 것이 [이쪽이] 생각하는 최우선 사항이다. 그 같은 일로 봉행의 문구를 삭제하라는 일에 대해서도, 일본

向之風儀ニ者公儀より口上を以申渡し候得与被仰出候故書付渡し候而
ハ如何なるといふ事も其訳なきにあらす候得共数年申分ニ成居候事之
決定を口上斗ニ而申達候ヘ与公儀より被仰出候段彼国にありてハ不審
ニ存する筈之事ニ而殊ニこれを口に説与

向けの風儀は[あれこれと変転していた。それゆえ]公儀からは、口上
を以て申し渡しをするようにと、そのようにも御指図があったので
あろう。書付けを渡してしまっては如何なる[朝鮮の変化にも、自在
に対応できないからである。それゆえ]そのような[口答の申し入れを
した]事も、其の理由が無いわけではない。だが数年に亘る懸案の決
定事項を、口上ばかりで申し伝えるようにと、公儀から御指示の
あった事は、彼の国にあっては不審に思う筈の事である(註3)。殊にこ
れを[御隠居様が]口で説き、

에 대한 대응방안은 [여러모로 변하고 있다. 그래서] 장군은 구상으로
전하도록 하라고, 그렇게 지시한 것이다. 서부를 전하면 어떤 [조선의
변화에도 자유자재로 대응할 수 없기 때문이다. 그래서] 그 같은 [구상
을 요구한] 일도 그 이유가 없는 것은 아니다. 그러나 수년에 걸친 현
안의 결정사항을 구상만으로 전하라는 장군의 지시는, 그 나라로서는
이상한 일일 것이다. 특히 이것을 [은거하신 분이] 구상으로 설명하고,

筆よ書きしるを何しも海外へ上り

出る事ゝ〳〵さまざまお送り給ひ候

青山文字を下而を隆以〲〲ゝ孫程

彼方〳〵諸とこあ是飛ぶ藏て峰

〳〵習ふ事〴〵振り前池みて

事情を誰よせ〳〵の失ふへゝき

や

筆に書する与何レ茂誠信之上より出たる事ニ候ヘハ其差別無之筈ニ候
故奉行文字与申所を除キ候得与申掛候程彼方ニ者疑をこめ是非書載可
致与被申筈之事ニ候ヶ様之所彼此之事情を詳にせさるの失なるへき也

そして[家老たちが]筆に書す事になったのは、何れも誠信の上から出
た事であった。そこに[気持ちの上で]其の差別は無い筈であった。だ
が奉行の文字と申す所をお除き下さいと[あちらに]申し掛け[こちら
がそれを申し掛ける]程、あちらでは[かえって]疑いを込め、これを
是非書き載せなければと、そのように申される筈の事になってし
まった。このような所に、あちらとこちらの考え方の相違が見て取
れる。そのような事情の相違を、詳細に[公儀へ]報告しなかったのは
[対州の]失態であろう。

그리고 [가로들이] 붓으로 기록하게 된 것은 모두 성신으로 하신 일
이었다. 그것에 [마음으로는] 그 차이가 없었기 때문이다. 그러나 봉
행이라는 문구를 삭제해 달라고 [저쪽에] 요구해 [이쪽이 그 일을 이
야기할]수록 저쪽에서는 [오히려] 의심하여 이것을 꼭 기재하지 않으
면 안 된다고, 그렇게 주장하게 되고 말았다. 이 같은 상황에서 저쪽
과 이쪽의 사고방식의 차이를 알 수 있다. 그 같은 사정의 차이를 상
세히 [장군에게] 보고하지 않은 일은 [타이슈우의] 실태이다.

註1、この改撰謝書においても、やはり欝陵嶋は朝鮮領という主張を、第一に記す。だが前回の謝書から少し譲歩しての記載がある。前回には、竹嶋の名を、文書中に一切記さなかった。竹嶋とは日本からの呼称で、それは日本領としての島の存在を、言葉の上で意味するからである。だが今回は違った。欝陵嶋と竹嶋とが一島である。それは二つの名があると指摘する。だが日本は、その竹嶋が朝鮮領の欝陵嶋であることを認めてくれたと、このように記す。それゆえ竹嶋の渡海を禁止したのであると、そのようなロジックで、この度の謝書を記載した。日本側は、この竹嶋を朝鮮領と認めたわけではなく、ただ島への日本人の渡海を禁止しただけである。取った取られた、返す返さないの論ではなく、ただ渡海を禁止しただけである。だが朝鮮側はこの謝書を呈することで、この島に対する領有権を確定させたかった。これは、そのような外交文書なのである。

주 1. 이 수정된 사서에서도 역시 울릉도는 조선령이라는 주장을 제일 먼저 기록했다. 그러나 전회의 사서보다 약간 양보한 부분이 있다. 전에는 죽도라는 명칭을 문서 안에 일체 기록하지 않았다. 죽도란 일본의 호칭으로, 그것은 일본령으로서의 섬의 존재를 언어상 의미하기 때문이다. 그러나 이번에는 달랐다. 울릉도와 죽도가 같은 섬이다. 그것에는 두 개의 이름이 있다고 지적하고 있다. 그러나 일본이 죽도가 조선의 울릉도라는 사실을 인정해 주었다고, 그렇게 기록한다. 그렇

기 때문에 죽도 도해를 금한 것이라고, 그러한 논리로 이번 사서를 기재했다. 일본 측은 죽도를 조선령으로 인정한 것이 아니라, 단지 도해를 금지시켰을 뿐이다. 빼앗았다 빼앗겼다, 반환한다 안 한다는 논리가 아니라, 다만 도해를 금했을 뿐이다. 그러나 조선 측은 이 사서를 기록함으로써, 이 섬에 대한 영유권을 확정시키고 싶었다. 이것은 그러한 외교문서이다.

註2、欝陵嶋は朝鮮領であるとする主張に対し、異議申し立てをするものである。だがこの論争は、すでに多田与左衛門がくどいほどに行っていて、埒の明かない袋小路に入っていた。この論争を続ける限り解決の無いことは対馬側も朝鮮側も承知している。もうこの論争を取り上げることは必要ない。この文言を嫌って拒否することはもう止めようと、そのような賢明な判断を示している。朝鮮の側が朝鮮領の欝陵嶋と述べるのであれば、それはそれで宜しいのではないかと、そのような判断である。そこには日本側は日本側で、日本領の竹嶋という思いを持っている。それを今、論争としないというだけのことである。それゆえ今回、日本からは文字にせず、ただ口頭でのみ伝えたのである。

주 2. 울릉도는 조선령이라는 주장에 대해 이의를 제기한 것이다. 그러나 이 논쟁은 이미 타다 요자에몬이 끈질기게 주장했던 것으로, 해결되지 않는 채 수렁에 빠져 있었다. 이 논쟁을 계속하는 한 해결될 수 없다는 것은 쓰시마 측도 조선 측도 알

고 있다. 다시 이 논쟁을 시작할 필요는 없다. 이 문언을 기피하며 거부하는 일은 그만두자는 그러한 현명한 판단을 제시하고 있다. 조선 측이 조선령 울릉도라고 한다면, 그것은 그것으로 좋지 않은가 하는 그러한 판단이다. 이에 일본 측은 일본 측대로 일본령 죽도라는 생각을 가지고 있다. 그것을 지금 논쟁하지 않을 뿐이라는 것이다. 때문에 이번에는 일본에서는 서간으로 하지 않고, 단지 구두만으로 전한 것이다.

註3、日本領の竹嶋、朝鮮領の欝陵嶋という論争を避けるため、敢えてその文言に触れないようにしていた。だが朝鮮側からは、その文言に触れて来ている。日本側はその文言に触れないよう、口上という手段に出ている。だがその口上という手段によって、よけいに朝鮮側からの不審を招いていると、ここで論評する。日本の立場は、口上で伝えるのは両国が決定的な対立に陥らないような配慮、すなわち誠信の心から出たものであり、また家老たちが文字にしたためたのも、うまく伝わって欲しいとする配慮、すなわち誠信の心から出たもので、ここに差別(差違)は無いとする。

주 3. 일본령 죽도, 조선령 울릉도라는 논쟁을 피하기 위해 일부러 그 문언을 언급하지 않고 있다. 하지만 조선 측은 그 문언을 언급하고 있다. 일본 측은 그 문언을 언급하지 않기 위해 구상이라는 방법을 취하고 있다. 그러나 그 구상이라는 방법 때문에 조선이 더욱 의심하고 있다고 여기서 논평한다. 일본의

입장은 구상으로 전하는 것은 양국이 결정적인 대립상태에
빠지지 않도록 배려하는 마음, 즉 성신의 마음에서 나온 것으
로 여기에 차이는 없다는 것이다.

○旧十年九月十六日　裁判二々路　八〆〆事陳
高〓〓一府〓〓〓に　沙揚〓竹〓〓科謹
改揚〓候〓直〓〓

【大綱四九段（元祿十年九月①）】

(49-00)

○ 同十年九月十六日裁判高勢八右衛門年条宴享之席東莱ﾆ致摂待
竹嶋一件謝書改撰之儀申達ﾙ也

【大綱四九段（元祿十年九月①）】

(49-00)

○ 同十年九月十六日、裁判の高勢八右衛門は、年条の宴享の席に於
いて、東莱府使を接待し、竹嶋一件の謝書改撰の事について
[再び]申し入れを行った。

【대강 49단(겐로쿠 10년 9월 ①)】

(49-00)

○ 동 10년 9월 16일, 재판 타카세 하치에몬은 연례의 연석에서 동래
부사를 접대하고, 죽도일건의 사서개찬에 대해 [재차] 요구했다.

(49-01)

〃裁判東莱江接待仕候ニ付御国家老中迄九月十七日案内之来状略左
ニ記之

(49-01)

〃裁判は東莱の接待を仕ったので、それに付いて御国の家老中ま
で、九月十七日付けで報告を行った。その[本国対馬への]来状の
略を左に記す。

(49-01)

〃재판은 동래의 시중을 담당했기 때문에, 그것에 대해 쓰시마의
가로들에게 9월 17일부로 보고했다. 그 [본국 쓰시마에 보낸] 보
고서의 개략을 아래에 기록한다.

〃新訓導朴僉知罷下此方東莱双方之心入朴僉知を以申通候処今度
之御書簡之内奉行之文字与御座候所斗ハ御嫌被成候者差除被申
候様ニ今一応注進仕可申候乍然朝廷方何分ニ可被申者不存候得共
被仰聞を得与承候得者御尤ニ存候間委細ニ為申登書改参候様ニ可
仕之由被申聞候与之儀ニ付此方より返答仕候ハ今度之

[本国への来状]

〃新訓導として朴僉知が[都から]下って来た(註1)。東莱府使と[合議
し]双方の考え方を[摺り合わせた上で]朴僉知によって、その[合
議の結果]を申し伝えて来た。すなわち今度の御書簡の内容につ
いて、奉行の文字とある所だけは[何としても]御嫌いに成られる
ので[是非]差し除くようにと[対州の側は]申される。それゆえ今
一度[都へ]注進を致したいと思っている。然しながら朝廷方がど
のように申されるのかは不明である。だがそのような[対州の]御
希望を、しっかりと承り、それを尤もにも思うので、事の委細
を[都に]報告し、書き改めて頂くよう勤めたいと、そのように申
して来た。それゆえ此方から返答した事は、今度の

[본국에 보내는 보고서]

〃새로운 훈도로 박 첨지가 [도성에서] 내려왔다. 동래부사와 [합
의해] 쌍방의 생각을 [조정한 후] 박 첨지가 그 [합의 결과를] 전
해 왔다. 즉 이번 서간 내용에 대해, 봉행이라는 문구만은 [어떻
게든] 수용할 수 없기 때문에 [꼭] 삭제하도록 [타이슈우 측은]
말한다. 때문에 다시 한 번 [도성에] 주진하고 싶다고 생각하고

있다. 그러나 조정이 어떻게 말할지는 불명이다. 그러나 그 같은 [타이슈우의] 희망을 확실히 이해했고, 그것을 당연하다고 생각하기 때문에 일의 자세한 내용을 [도성에] 보고해, 개서할 수 있도록 노력하겠다고 그렇게 전해 왔다. 그래서 이쪽에서 반답한 것은 이번

書簡之儀東武㳒差上申事候間不入儀書面ニ有之而者如何ニ候間竹嶋之
御礼之儀斗御書載候而可然与再三申達候得共又々御注進候而被書直
儀決而難成由被仰切候故先書翰之写を請取先頃対州㳒差越候得共如何
様共返事不申来如何様ニ可申参も難斗候然処只今御注進

書簡を東武へ差し上げるからには、不必要な事が書面に入っていて
は[報告として]如何かと思う。[それゆえ]竹嶋についての御礼の事ば
かりを[この際]書面に御書き載せになるべきと、そのように再三に亘
り申し伝えた。だが又々御注進になっても[その事が]書き直される事
は決してないと、そのように仰せ切られるばかりだった。それゆえ
先の書簡の写しを受け取り、先頃、対州へ差し渡した。だがどのよ
うな返事も参って来ず[こちらからも、さらにそちらに]どのように申
し伝えるか、図り難い所であった。そのような所に、只今[再度]御注
進に

서간을 동무에 보고하는 이상, 불필요한 내용이 서면에 들어가서는
[보고로] 어떨까 생각한다. [그래서] 죽도에 대한 사의만을 [이번] 서
면에 기재해야 한다고 그렇게 여러 번 요구했다. 그러나 또 주진해도
[그 일을] 수정해 기록하는 일은 결코 없다고 그렇게 거절당할 뿐이
었다. 그래서 지난번 서간 사본을 수취해 타이슈우에 전했다. 그러나
아무런 반답도 오지 않아 [이쪽에서도 다시 그쪽에] 어떻게 전해야
할지 판단하기 어려운 참이었다. 그런데 지금 [재차] 주진

可被成与之儀延引仕たる事ニ御座候乍然被書改候様御注進可被成与之
儀承候而者難閣御座候間対州ヘ以飛船申遣返答承其節御相談可申候間
夫迄者御注進御指置被下候様申遣候彼方よりも尤ニ存候間飛船罷帰候
迄ハ注進之儀相待可申由申来候

成られるという。そのような事は[またまた事態が]延引すると言う事
であろう。だが書き改められる様に御注進に成られると言う事を
承っては、それを差し置く事は難しい。それゆえ対州へ飛船を以て
申し遣わし、返答を承り、其の上で御相談を申したい。それ迄は御
注進なさる事を[今暫く]御待ち下さるようにと申し遣わした。あちら
からも尤に思うので、飛船が罷り帰る迄は[都への]注進はお待ちする
と、そのような事を申して来た。

하신다고 한다. 그러한 일로는 [다시 사태가] 지연될 것이다. 그러나
수정하도록 주진하신다는 이야기를 듣고 그것을 무시할 수는 없다.
그래서 타이슈우에 비선으로 연락해 답변을 듣고 그 후 상담하고 싶
다. 그때까지는 주진하는 일을 [잠시] 보류해 주시도록 전했다. 저쪽
에서도 당연하다고 생각하고, 비선이 돌아올 때까지는 [도성에] 주진
하는 일은 보류하겠다고 그렇게 전해 왔다.

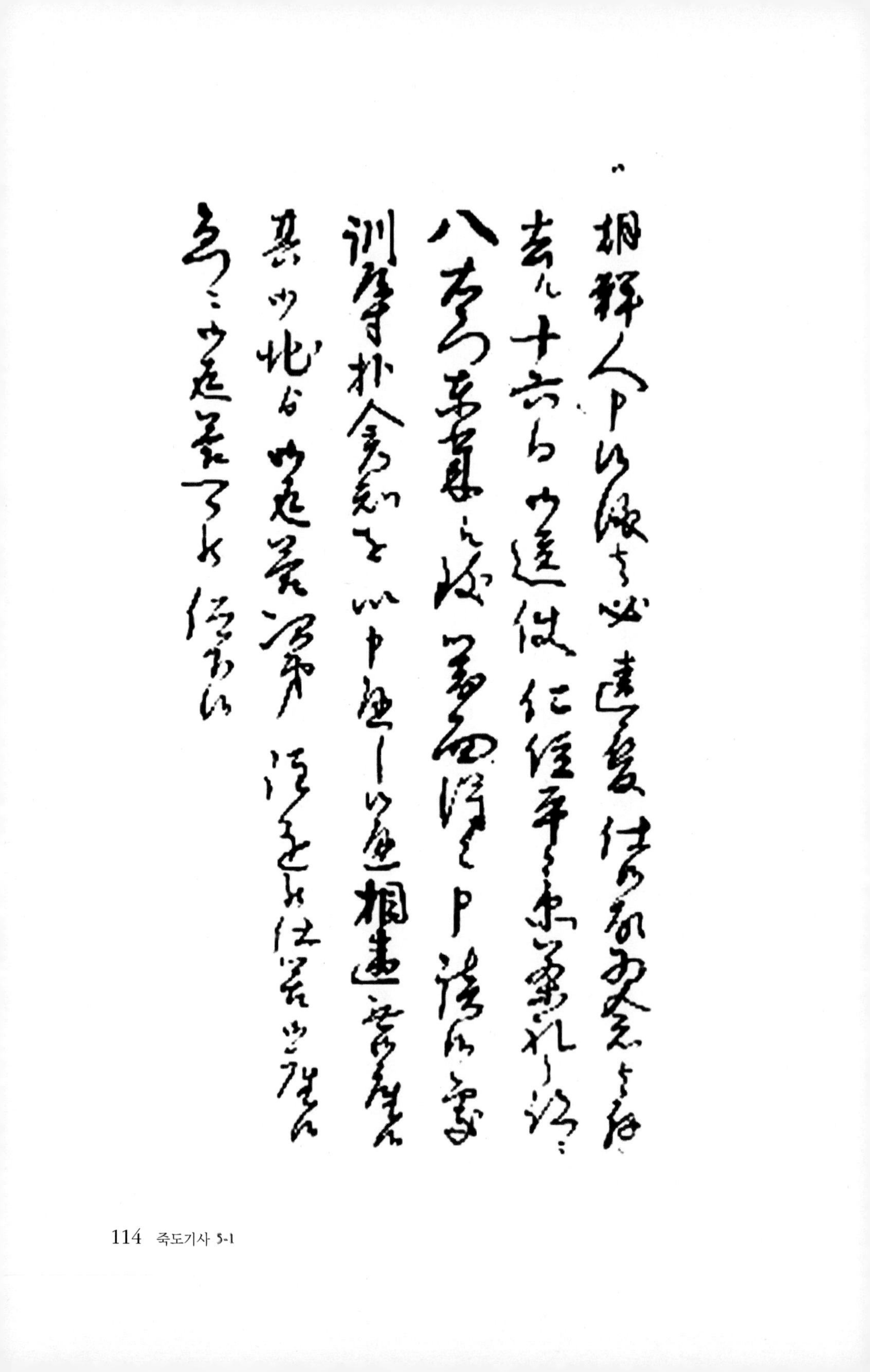

〟朝鮮人申候儀者必違変仕候故為念与存去ル十六日御送使仁位平兵
衛茶礼之跡ニ八右衛門東莱江致対面得与申談候処訓導朴僉知を以
申通し候通相違無御座候其御地より御返答次第注進被仕筈御座
候急ニ御返答可被仰下候

〟朝鮮人が言う事は[当てにならず、その後]必ず違変があるので、
念の為と思い、去る十六日、茶礼の後、御送使の仁位平兵衛と
共に八右衛門は東莱府使と対面した。そこでじっくりと相談し
た所、訓導の朴僉知が申した通りの事で、その話に相違は無
かった。そちら御地[対馬]からの御返答の次第で[都へ再び]注進
を仕る手筈である。それゆえ急ぎ御返答をお寄せ下さるようお
願いする。

〟조선인이 말하는 것은 [믿을 수 없다. 그 후] 반드시 변동이 있기
때문에 만일에 대비해 지난 16일 차례가 끝난 후, 송사 니이 헤
이베에와 함께 하치에몬은 동래부사와 대면했다. 거기서 충분히
논의했는데 훈도 박 첨지가 말한 대로 그 이야기와 다르지 않았
다. 그쪽 [쓰시마]에서 반답이 있는 대로 [도성에 다시] 주진할
생각이다. 그러므로 서둘러 답변해 주시기를 바란다.

(49-02)

〃九月十九日朴僉知李判事召寄せ館守裁判より申渡候者奉行之文
字之所差除甚善与有之所忝与申心之字ニ被書改候儀急度注進被仕
候様ニ与東莱江申達候様ニ与申渡候所朴僉知申候ハ奉行之文字之
所ハ前以申通注進有之候者直り申儀も可有御座哉甚善与御座候
処書直申様ニ与之御事ハ新規之御望ニ御座候此段如何可申参候哉
何とそ被書直候様

(49-02)

〃九月十九日、朴僉知と李判事を召し寄せ、館守ならびに裁判か
ら申し渡した事がある。すなわち、奉行の文字と言う所を差し
除き、甚だ善しと有る所を、忝ないと、そのような意味の字に
書き改めるように、そのような事を、しっかりと注進なさるよ
う、東莱へ申し伝えて欲しい。そのように申し渡した。すると
朴僉知が申した事は、奉行の文字の所は、前以て申した通り、
注進が有れば、直る事も有るかもしれない。だが甚だ善しと有
る処を書き直すようにとの事は、今回、新規に出て来た御望み
で有る。此のような事は、どのように[朝廷が]言って来るか[不
明]である。何とか書き直される様に

(49-02)

〃9월 19일, 박 첨지와 이 판사를 불러 관수와 재판이 전갈하였다.
즉 봉행이라는 문구를 삭제하고 매우 좋다는 부분을 황송하다고
그러한 의미의 문구로 수정하도록, 그 같은 일을 분명히 주진하

도록 동래에 전해 주었으면 한다. 그렇게 전했다. 그러자 박 첨
지가 말하기를 봉행이라는 문구는 전에 말한 대로 주진하면 수
정될지도 모른다. 그러나 매우 좋다는 부분을 수정해 달라는 것
은 이번에 처음 말씀하신 희망사항이다. 이 같은 일에 어떻게
[조정이] 답변할지 [불명]이다. 어떻게든 수정하시도록

可仕由申候右之外前以御望之通御紙面之趣朴僉知相談仕候処朴僉知
申候ハ奉行之文字与御座候所斗直り可参候哉夫さへ無心元其外之儀
被仰聞候而も罷成儀ニ而無之候条々申越候者還而唯今迄之書簡も不埒
ニ罷成相延可申体ニ申候故奉行之文字之所又甚善与有之所二ヶ条注進
有之直り候様相談仕ル

仕りたいものであるがと、そのように申していた。右の外、以前か
ら[こちらが]希望していた通りに、御紙面の趣旨[が修正されるよう]
朴僉知と相談をしていた処、朴僉知が申すには、奉行の文字と有る
所ばかりが直るかもしれない。[実際は]それさえも心元無い程であ
る。それ以外の事は、もう上申しても罷り成るような事は無い。
色々と申し上げては、返って唯今までの書簡も[全て]不埒に成ってし
まい[返事は来ず、いよいよ]延引に及ぶと、そのように言うので、そ
れゆえ奉行の文字の所、又甚だ善しと有る所の二箇条に付いてだけ
注進を行い、是非、直る様にと[そのような依頼の]相談をした。

노력하고 싶지만, 그렇게 말했다. 이 외에 이전부터 [이쪽이] 희망했
던 대로 지면의 취지가 [수정되도록] 박 첨지와 논의하고 있었는데,
박 첨지가 말하길 봉행이라는 문구만 수정될지도 모른다. [실제로는]
그조차도 확실하지 않다. 그 외의 일은 다시 상신해도 성립되지 않을
것이다. 여러 가지를 요구하면 오히려 지금까지의 서간도 [모두] 이상
하게 되고 말아 [답변이 오지 않고 결국] 연기된다고 그렇게 말했기
때문에, 봉행이라는 문구를 또 매우 좋다는 2개 조에 대해서만 주진
하여 반드시 수정되도록 [그러한 의뢰를] 논의했다.

(49-03)

〃 右御国より御差図ニ付申達ル

(49-03)

〃 右の事について、御国から[都へ再度注進が成されるよう]御差図
があり、それを[あちらへ]申し伝えた。

(49-03)

〃 위의 일에 대해 본국에서 [도성에 재차 주진하라는] 지시가 있어
그것을 [저쪽에] 전했다.

註1、竹嶋謝書の件は、ここで改撰をめぐり紛糾する。再び文言
　　をめぐり、膠着状態に陥った。その改善を図るため、両国
　　は互いに打開策を検討する。朴僉知が都から下ってきたの
　　は、朝鮮側が打開を求め、新たに放った政策の一つであ
　　る。すなわち人事刷新(人心一新)ということで、和館との
　　交渉責任者である首訳の交替が行われた。併せ東莱府使の
　　交替も行われる。まさに文の国ならではの、知恵の工夫で
　　ある。一方、日本の側の打開策は、武の国の伝統に則るも
　　ので、交渉の進展を促す示威行動であった。多田与左衛門
　　が行っていた交渉、すなわち武力をちらつかせる交渉の、
　　その延長線上のものである。この度は、実際に武を展開す
　　る実力行使であった。そのどちらがこの後の交渉を動かし
　　たのか、それは明白ではないが、互いが互いを動かし、以

後ことは進んでいった。

주 1. 죽도사서의 건은 여기서 개찬을 둘러싸고 대립한다. 재차 문언을 둘러싸고 교착상태에 빠졌다. 그 개선을 도모하기 위해 양국은 서로 타개책을 검토한다. 박 첨지가 도성에서 내려온 것은 조선 측이 타개를 위해 새로 모색한 정책의 하나이다. 즉 인사쇄신(인심일신)이라는 것으로, 왜관과의 교섭책임자인 수역의 교체가 이루어졌다. 더불어 동래부사의 교체도 이루어진다. 그야말로 문국(文国)이 아니면 할 수 없는 지혜로운 방법이다. 한편 일본 측의 타개책은 무국(武国)의 전통을 따른 것으로, 교섭의 진전을 재촉하는 시위행동이었다. 타다요자에몬이 행했던 교섭 즉 무력을 내비치는 교섭 그 연장선상의 것이다. 이번에는 실제로 무를 전개하는 실력행사였다. 어느 쪽이 이후의 교섭을 주도했는지 명백하지는 않으나, 서로가 서로를 움직이며 일은 진전되어 갔다.

○同十年九月雑人関書之事ニは朝鮮表ゟ
方へ東萊府使館守ニ被差置訓別
を以申参候処九月大凡ゟ送使家老より
廉館守居裁判西郷太郎左衛門へ
致援清別関書并竹島一件謝書之儀
申請之

【大綱五〇段(元祿十年九月②)】

(50-00)

○ 同十年九月館人闌出之事ニ付都より申来候趣有之東莱府使館守江致
対面度旨訓別を以被申聞候故九月廿九日送使宴享之席館守唐坊新
五郎太庁江罷出東莱江致接待則闌出并竹嶋一件謝書之儀等申談ル也

【大綱五〇段(元祿十年九月②)】

(50-00)

○ 同十年九月、和館の人が闌出(乱出)する事があり、この事に付い
て、都から申し入れの趣旨が有った。東莱府使から館守と対面
を致したいと、その旨を訓導と別差とを以て申し伝えてきた。
そこで九月二十九日の送使宴享の席で、館守の唐坊新五郎が大
庁へ罷り出て、東莱府使を接待した。則ち闌出の件、ならびに
竹嶋一件の謝書の事などを相談した。

【대강 50단(겐로쿠 10년 9월 ②】

(50-00)

○ 동 10년 9월, 왜관 사람이 난출하는 사건이 있어 이 일에 대해 도
성에서 항의가 있었다. 동래부사가 관수와 대면하고 싶다는, 그러

한 내용을 훈도와 별차를 통해 전해 왔다. 그래서 9월 29일의 송사연석에서 관수 토우보우 신고로우가 대청에 나가 동래부사를 접대했다. 즉 난출사건 및 죽도일건의 사서일 등을 논의했다.

(50-01)

〃是より前八月廿一日一持送使僉官中其外ニ一組大小姓横目平田源之助
御目付津江又兵衛御徒目付小宮十右衛門下目付組横目等東平江罷越候
節釜山浦罷通候処御鉄炮市右衛門石ニ而頭を被打大小を被奪取候ニ付
館守裁判より御国家老中江来候八月廿九日之口上書之略左ニ記之

(50-01)

〃是より前の八月二十一日、一持送使(註1)の僉官中(諸役)の者と、
其の外に一組の者、すなわち大小姓で横目の平田源之助、御目
付の津江又兵衛、御徒目付の小宮十右衛門、下目付組の横
目などが、東平(トンペキ)へ罷り越した。その折、釜山浦を通っ
た所、ここで御鉄炮の市右衛門が石で頭を打たれ、大小[の刀]を
奪い取られると言う事があった。その事に付いて、館守および
裁判から御国の家老中へ伝えた八月二十九日付けの口上書があ
る。その略を左に記す。

(50-01)

〃전 8월 21일, 제일송사인 첨관(제역)이라는 자와 그 외 한 조인
자 즉 오오고쇼우로 요코메 히라타 겐노스케, 오메쓰케 쓰에 마
타베에, 오가치메쓰케 오미야 쥬우에몬, 시모메쓰케조의 요코메
등이 동평으로 넘어갔다. 그때 부산포를 지난 곳, 이곳에서 철포
수 이치에몬이 돌에 머리를 맞고 대쇼[의 칼]을 탈취당한 일이
있었다. 그 일에 관해 관수와 재판이 쓰시마의 가로들에게 전한
8월 29일부의 구상서가 있다. 그 개략을 아래에 기록한다.

〝当地之儀段々先例ニ為違儀有之次第ニ不埒ニ罷成候第一今度竹嶋
　御礼之御書簡之儀委細東莱江申達候得共承引無之不誠信成仕形被
　仕ヶ様之時節者東莱被思当候様ニ仕掛可然与何茂致相談時々ハ館
　内之者館外近辺江罷出候而も苦ケル間敷候時分を見斗差留可申候
　自然館外江

[御国の家老への口上書]

〝当地の事であるが、色々先例と違う事が有り、次第に要領を得
　なく成って来ている。その第一の事は、今度の竹嶋についての
　事で、その御礼の御書簡の事である。[こちらの要求の]委細は東
　莱へ申し伝えたが[あちらからは]承引が無く、不誠信な仕形であ
　る。このような時節であり、東莱が[その不誠信に]気付くよう
　[こちらが]仕掛けを当然するべき[となった。]いずれの者共とも
　相談を致し、時々は館内の者が館外の近辺へ罷り出て[示威運動
　をして]も構わないと[そのようになった。]時分を見計らい[また
　これを]差し留めることも申すつもりであった。[示威運動を行う
　に当たり]自然と館外へ

[본국 가로에게 보내는 구상서]

〝당지의 일로 여러 가지로 선례와 다른 일이 있어 점차 수습이 안
　되게 되었다. 그 제일의 일은 이번의 죽도에 관한 일로 그 사의
　의 서간이다. [이쪽 요구를] 상세히 동래에 전했으나 [저쪽에서
　는] 승인이 없고 불성신하다. 이러한 시기로 동래가 [그 불성신
　을] 감지하도록 [이쪽이] 당연히 요구를 하게 [되었다.] 누구라도

논의하여 가끔은 관내 사람이 관외 근변에 나와 [시위운동을 해
도] 상관없다고 [그렇게 되었다.] 때를 보아 [이것을] 만류할 생
각이었다. [시위운동을 하는 데 있어] 자연히 관외로

出候共喧嘩口論不行規不仕候様ニ寄々ニ申聞候依之八月十七日馬乗共
五人三人ツ、館外江罷出候得共無別条罷帰候同廿日馬乗共館外江罷出
候付御横目之侍共之内船改之隙ニ候故少々罷出帰掛ニ釜山浦道罷通候
得共無別条罷帰候

出ても[朝鮮人相手に]喧嘩や口論や不行規などは仕らぬ様にと、その
ように寄り集う者たちには申し聞かせておいた。これに依り八月十
七日、馬乗り共が五人あるいは三人ずつ、館外へ罷り出て行った。
だが別条無く罷り帰って来た。同二十日[やはり]馬乗り共が館外へ罷
り出た。それに付いて御横目の侍共の内に、船改めの[業務があり]
その際、少々[遠出をした。そして東平へも]罷り出て、帰り掛けに釜
山浦の道を罷り通った。だが別条無く帰って来た(註2)。

나가도 [조선인을 상대로] 싸움이나 말다툼, 규범을 어기는 행동 등은
하지 않도록 그렇게 모여든 사람들에게는 말해 두었다. 이로 인해 8
월 17일, 기수들이 5인 또는 3인씩 관외로 나갔다. 그러나 별문제 없
이 돌아왔다. 동 20일 [역시] 기수들이 관외로 나갔다. 그때 요코메 사
무라이들 중에 선박 검문의 [업무가 있어] 좀 [멀리 나갔다. 그리고
동평에도] 갔다 돌아올 때 부산포 길을 지나왔다. 그러나 별일 없이
돌아왔다.

〃当月廿一日馬乗共外〓罷出候付平田源之助津江又兵衛小宮十右衛
門組下横目御持筒又兵衛御鉄炮市右衛門御道具儀右衛門下目付
市郎右衛門御元方見習役神宮十蔵服部又右衛門何茂とつへき与
申所〓可参与存道筋釜山浦之方与承此道筋〓参掛

〃当月二十一日の事である。馬乗り共が館外へ罷り出た。それに
付随して平田源之助、津江又兵衛、小宮十右衛門、そして組
下の横目で御持筒の又兵衛、御鉄炮の市右衛門、御道具の儀右
衛門、下目付の市郎右衛門、御元方見習役の神宮十蔵、服部
又右衛門[と言う面々が]いずれも東平と言う所へ参ろうとした。
その道筋は釜山浦の方であると承り、この道筋を通り掛けた。

〃당월 21일의 일이다. 기수들이 관외로 나갔다. 그것을 따라 히라
타 겐노스케, 쓰에 마타베에, 코미야 쥬우에몬 그리고 쿠미시타
요코메로 오모치쓰쓰인 마타베에, 철포수 이치에몬, 도구 역의
요시에몬, 시타메쓰케 이치로우에몬, 모토가타미나라이역 진구
우 쥬우조우, 핫토리 마타에몬[이라는 자들이] 모두 동평이라는
곳에 가려고 했다. 그 길은 부산포 방향이라고 듣고 그 길을 지
나갔다.

釜山浦之前ハ何茂罷通候跡ニ御鉄炮市右衛門参候を石ニ而頭を被打絶
死仕罷在候を朝鮮人大勢差寄捕之大小を奪取申候依之跡騒候故侍共
其外立帰候得者大勢之朝鮮人逃散申候然処市右衛門儀大小を被奪取
罷在候故此侭ニ而難閣存

釜山浦の前を、いずれもが通って行き、その[行列の最]後尾にいた御
鉄炮の市右衛門が通り掛かった。その折[市右衛門は突如]石で頭を打
たれ、絶死(気絶)と言う状態になってしまった。そこに朝鮮人が大
勢、押し寄せ、この[市右衛門]を捕え、その大小[の刀]を奪い取ったと
言う事である(註3)。これに依って、この後、大騒ぎとなり、侍共、其
の外が[この現場に]立ち帰って来た。[押し寄せていた]大勢の朝鮮人共
は[たちまち]逃散してしまった。然しながら市右衛門は、大小を奪い
取られ[面目を潰し]戻って来たので、この侭にしては置けないと、

부산포 앞을 모두가 지나, 그 [행렬 가장] 후미에 있던 철포수 이치베
에몬이 지나가고 있었다. 그때 [이치베에몬이 갑자기] 돌로 머리를 맞
았다. 기절하고 말았다. 그곳에 조선인이 많이 모여 이 [이치베에몬]
을 포획해 그 대소의 [칼]을 빼앗았다고 한다. 이로 인해 이후 큰 소
동이 되어, 무사들과 그 외 사람들이 [이 현장으로] 돌아왔다. [모여
있던] 많은 조선인들은 [금방] 흩어져 버렸다. 그러나 이치베에몬은
대소의 칼을 빼앗기고 [수모를 당하고] 돌아왔기 때문에 이대로는 둘
수 없다고

大小之儀申掛即刻取返之釜山浦地頭ヘ侍共より申遣候者召連候者壱人
頭を被打絶死仕居候を大小を取申候是者如何様之事ニ而ケ様ニ不礼成
被成形ニ候哉釜山浦御差図ニ而御座候哉此処罷通候を被差留度被思召
候者被差留様者幾重ニも可有御座事ニ候不儀成被成様ニ而御座候相手
を御出シ候而双方打果シ候得者夫ニ而相済申事ニ候弥本人を御出候様
ニ与申

大小の事を申し掛け、即刻これを取り返そうと、釜山浦の地頭へ侍
共から申し入れを行った。その[内容とは]召し連れた者の一人が頭を
打たれ気絶した。そのような所を[朝鮮人どもが襲いかかり、その]大
小[の刀]を奪い取った。これは[一体]どのような事であろうか。この
様な不礼な成され形に到ったのは、釜山浦[の地頭の]御差図であろう
か。此の場所を[我らが]罷り通ったのを[そちらで]差し留められたい
と思ったならば、差し留める方法は[まだ他に]幾らでも有る筈であ
る。そのような所で、このような不儀な成され方を行うとは。こう
なれば[加害者である]相手を[ここに]御出し下さい。[被害者と加害者
の]双方で打ち果しを行えば、それで[今回の件は]済む事である。い
よいよ[加害者である]本人を御出し下さいと[釜山浦の地頭に]申し

대소의 칼에 관한 일을 문제 삼아 즉각 이것을 되찾기 위해 부산포의
통솔자에게 사무라이들이 요청을 제기했다. 그 [내용은] 동행한 한 사
람이 머리를 맞아 기절했다. 그런 상황에서 [조선인들이 습격해 그]
대소의 [칼]을 탈취했다. 이것은 [도대체] 어찌 된 일인가. 이 같은 불
의가 일어난 것은 부산포 [통솔자의] 지시인가. 이 장소를 [우리들이]

지나가는 것을 [그쪽에서] 통제하고 싶었다면 통제 방법은 [다른] 여러 가지가 있었을 것이다. 그런데 이렇게 부적절한 방법을 취하다니. 이렇게 되면 [가해자인] 상대를 [이쪽에] 양도해 주시오. [피해자와 가해자] 쌍방이 결투하면 그것으로 [이번 건은] 해결될 것이다. 반드시 [가해자] 본인을 양도할 것을 [부산포 통솔자에게] 요구

遣候処彼方より返答ニハ段々被仰下候通承届御尤ニ存候私差図為仕儀
ニ而無御座候日本衆被罷通候者差留通し不申候様ニ与斗申付候然処ヶ
様成麁相仕出迷惑ニ存候是非之御理申候間先御帰館可被成候本人之儀
致僉議差越可申之由申来ル此方侍共相談候者市右衛門儀雖絶死仕候大
小を被取候故一分立不申候此侭ニ而召連難帰候人質を取罷帰首尾可然
与申合当り二

入れた。すると、あちらからの返答では、色々と仰せ下さった通りの
事は承った。御尤もに思うところである。だが私が差図を行ったと言
うような事では無い。日本の衆が[この場を]罷り通られるので[ここは
日本人が通るような所ではない。それゆえ]差し留め通さない様に
と、その事ばかりを申し付けた。そのような処に、この様な荒っぽい
事を仕出かしてしまった。[これについては私も]迷惑に思っている所
である。事の是非を明らかにしたいと思っているので、ひとまず先に
御帰館下さい。[加害者]本人の事は[こちらで]僉議をし、引き渡すつ
もりであると、そのように申して来た。こちらの侍共が相談したとこ
ろ、市右衛門は絶死(気絶)していたが[もう回復に至った。ただ]拝領
致した大小を取られたので、その[武士の]一分が立ち申さない。此の
侭では[何事も無かったかのように、市右衛門を]召し連れ、連れ帰る
事は難しい。[そこで]人質を取って、罷り帰る首尾に[相談がまとまっ
た。早速]そのようにしようと申し合せ、その当りを[窺い]

(요구)했다. 그러자 저쪽의 답변은 여러 가지 말씀하신 일은 알았다.
당연하다고 생각한다. 그러나 본인이 지시한 일이 아니다. 일본 무리가 [이 장소를] 지나갔기 때문에 [이곳은 일본인이 지날 수 있는 곳이 아니다. 그래서] 멈추게 하고 지나가지 않도록 그것만을 요구했다. 그러한 상황에서 이러한 난폭한 행동을 범하고 말았다. [이에 대해서는 본인도] 난처하게 생각하고 있다. 일의 시비를 가리고 싶다고 생각하고 있어, 우선은 귀관을 부탁하고 [가해자] 본인의 일은 [이쪽에서] 검거하여 인도할 생각이라고 그렇게 전해 왔다. 이쪽 사무라이들이 논의한 결과, 이치베에몬은 기절했었으나 [이미 회복됐다. 다만] 배령받은 대소의 칼을 탈취당해 그 [무사의] 체면이 서지 않는다. 이대로는 [아무 일도 없었던 것처럼 이치베에몬을] 데리고 돌아가는 일은 어렵다. [그래서] 인질을 잡아 돌아가는 것으로 [논의가 정해졌다. 서둘러] 그렇게 하자고 상의하고, 그 주변을 [엿보다]

有合候朝鮮人三人捕之其上二而釜山浦江申断候者本人不被差出候故為
人質三人召捕罷帰候弥本人御僉議候而館内江可被差越候其節捕参候者
差返可申之由申届人質三人召連何茂罷帰候

出合った朝鮮人三人を捕え置いた。其の上で、釜山浦[の地頭]へ申し
入れたのは[加害者]本人を差し出さないので、人質の為、この三人を
召し捕え[和館へ]連れ帰る。いよいよ本人を御僉議し、館内へ差し出
すようにと、そのように申し入れた。[差し出したならば]その際に捕
え参った[三人]は差し返すと、そのような事を申し伝え、人質三人を
召し連れ[一行の]いずれもが[和館へ]罷り帰った。

만난 조선인 3인을 포획해 두었다. 그 후, 부산포[의 통솔자]에게 요
구한 일은 [가해자] 본인을 양도해 주지 않아, 인질로 이 3인을 포획
해 [왜관으로] 연행해 갔다. 그러므로 본인을 검거하여 관내로 보내도록
그렇게 요구했다. [인도하면] 그때 포획한 [3인]은 돌려보낸다고 그렇
게 전하고, 인질 3인을 연행해 [일행] 모두가 [왜관으로] 돌아왔다.

〝釜山浦より判事を以申来候者此方之者一々聊爾を仕候私不存事ニ
候間御免可被下候本人之儀僉議仕候得共相知不申候此上者其元ﾆ
被捕置候者御心次第被仰付候様ニ与申来ﾙ何茂相談仕候者当分
下々打合たる事与申其上釜山浦より事を分ヶ理被申越候上此方
より意地を立申儀如何ニ候間無

〝釜山浦[の地頭]から判事を以て申し伝えて来た事は、こちらの者
の幾人かが、いささかの珍事を行った。私の承知する事では無
かったが[この際]御免恕下さるよう、お願いする。[加害者]本人
の事については、僉議を仕るが[誰がしでかしたのかは]分からな
い。この上は、そちらで[もしも加害者本人を]捕え置かれるなら
ば、その御心次第に[お仕置き]を仰せ付け下さる様にと、そのよ
うな事を申して来た。いずれ[の方面へ]も相談を仕ると[このよ
うな事では]当分、下々[の間では]打ち合う[ような乱闘が起こる
であろう。実に困った]事ではあるがと、そのように申してい
た。其の上で、この釜山浦[の地頭]から、事状の説明があり、道
理を尽くしての申し入れがあった。そうであれば、こちらから
意地を立て[なお犯人捜しを]申し出る事は、どうかと思われ、

〝부산포[의 통솔자]가 판사를 통해 전해 온 것은 이쪽 사람 몇 명
이 약간 지나친 일을 했다. 본인이 승낙한 일은 아니었지만 [이
번에는] 용서해 주시기를 바란다. [가해자] 본인에 대해서는 조
사하겠지만 [누가 했는지는] 알 수 없다. 그러므로 그쪽에서 [만
일 가해자 본인을] 포획해 둔다면, 마음대로 [처벌]을 명하라고

그같이 말해 왔다. 누구와 상의해도 [이 같은 일로는] 당분간 아랫사람들 [사이에서] 서로 다투는 [것과 같은 난투가 일어날 것이다. 참으로 곤란한] 일이지만 그렇게 말했다. 게다가 부산포 [통솔자]의 상황 설명이 있었고 도리를 다한 요청이 있었다. 그렇게 되면 이쪽이 고집을 부려 [계속 범인 수색을] 요구하는 일은 어떠한가 생각되어

別条相渡無事ニ相済可然与致内談捕置候者判事江相渡差返候其節釜山
浦江申遣候者侍共其外其元罷通候節召連候者壱人朝鮮人より頭を被打
絶死仕居候を大小を取申候由非法之被成形ニ候釜山より被仰付候而之
事ニ候哉其元罷通ル儀如何ニ思召被差留事ニ候者幾重ニ茂被仰聞様可有
之事ニ候其上ハ

別条無く[人質を]渡し[この件に関しては]無事に収める事が宜しいで
あろうと、そのように内談を致した。そして捕らえ置いた[三人の]者
を判事へ相渡し[あちらに]差し返す事にした。その折、釜山浦[の地
頭]へ申し遣わした事は、侍共その外が、そちら釜山浦を罷り通った
時、召し連れていた一人が、朝鮮人から頭を打たれ気絶した。その
折[身に付けていた]大小[の刀が]奪い取られた。そのように申してい
る。これは非法なる成され方である。これは釜山[の地頭]からの御指
示でやった事なのか。その地を[こちらの侍どもが]罷り通る事を、ど
のようなお考えで差し留めようと言う事になったのか、幾重にも[尋
ね、その事情を]お聞かせ頂かなければ成らない事である。こうなっ
た上は

아무일 없이 [인질을] 양도하고 [이 건에 관해서는] 무사히 수습하는
것이 좋을 것이라고 그렇게 밀담했다. 그리고 포획한 [3인]을 판사에
게 양도해 [저쪽에] 돌려보내기로 했다. 그때 부산포[의 통솔자]에게
전한 것은, 사무라이들과 그 외 사람이 그쪽 부산포를 지나갔을 때
동행한 한 사람이 조선인에게 머리를 맞아 기절했다. 그때 [몸에 지
니고 있던] 대소[의 칼을] 탈취당했다. 그렇게 말하고 있다. 이것은 불

법적인 일이다. 이것은 부산[의 통솔자]의 지시로 행한 일인가. 그곳을 [이쪽 사무라이들이] 지나가는 것을 어떤 생각으로 저지하게 되었는가. 몇 번이고 [질문해 그 사정을] 설명해 주시지 않으면 안 된다. 이렇게 된 이상은

押而罷通儀有御座間敷候本人を被差出候者其場ニ而打果させ夫ニ而相
済可申与待共方よりも再三申達候得共御出シ不被成候由依之人質を
捕参候此方心次第ニ仕候様ニ与結構ニ被仰聞候当分下々之打合与申其
元より段々御理ニ候得者此上を何角与申茂如何ニ御座候故捕参候三人
之者共無別条差還申候

[敢えて、その場所を]押し通るような事はしないつもりである。[そ
れは、ただ紛争を拡大させないようにと思う、こちらの心くばりで
ある。今回の加害者]本人を[こちらに]差し出されたならば、其の場
にて打ち果たし、それで決着を計るつもりであった。そのように待
共方から[そちらに]再三に亘り申し伝えていた。だが[加害者本人を]
御出しに成られぬと言う事で、これに依って人質を捕え参ったので
ある。だが[今回、加害者本人については]こちらの心次第になさる様
にと、結構な[お申し出を]お聞かせ頂いた。当分[の間]下々の[者ども
が遺恨を以て]打ち合い[の乱闘をする事も有り得るが、何とか押し止
めたいと思っている]と申し伝え、そちらから色々と道理[を尽くした
申し入れ]があったので、この上[さらに]何かと申す事も、どうかと
思うので、捕え参った三人の者どもを、別条無く差し返す事にする
と、そのように申し渡した(註4)。

[무리하게 그 장소에] 진입하는 일은 하지 않을 생각이다. [그것은 그
저 분쟁을 확대시키지 않으려는 이쪽의 배려이다. 이번의 가해자] 본
인을 [이쪽에] 보내주었다면, 그 장소에서 베어 죽이고 그것으로 끝낼
생각이었다. 그렇게 사무라이들이 [그쪽에] 여러 번 전갈했다. 그러나

[가해자 본인을] 내놓지 않아, 이 때문에 인질을 잡아 온 것이다. 그런데 [이번에 가해자 본인에 대해서는] 이쪽 마음대로 처리하라는 훌륭한 [제안을] 듣게 되었다. 당분[간] 아래 [사람들이 원한을 갖고] 서로 싸우는 [난투를 벌이는 일도 있겠지만, 어떻게든 저지하고 싶다고 생각한다]고 전하고, 그쪽에서 여러 가지로 도리[를 다해 요청]을 했기 때문에 이 이상 [더] 무엇이라고 말하는 것도 좋지 않다고 생각해, 포획해 온 3인을 무사히 돌려보내기로 한다고 그렇게 전했다.

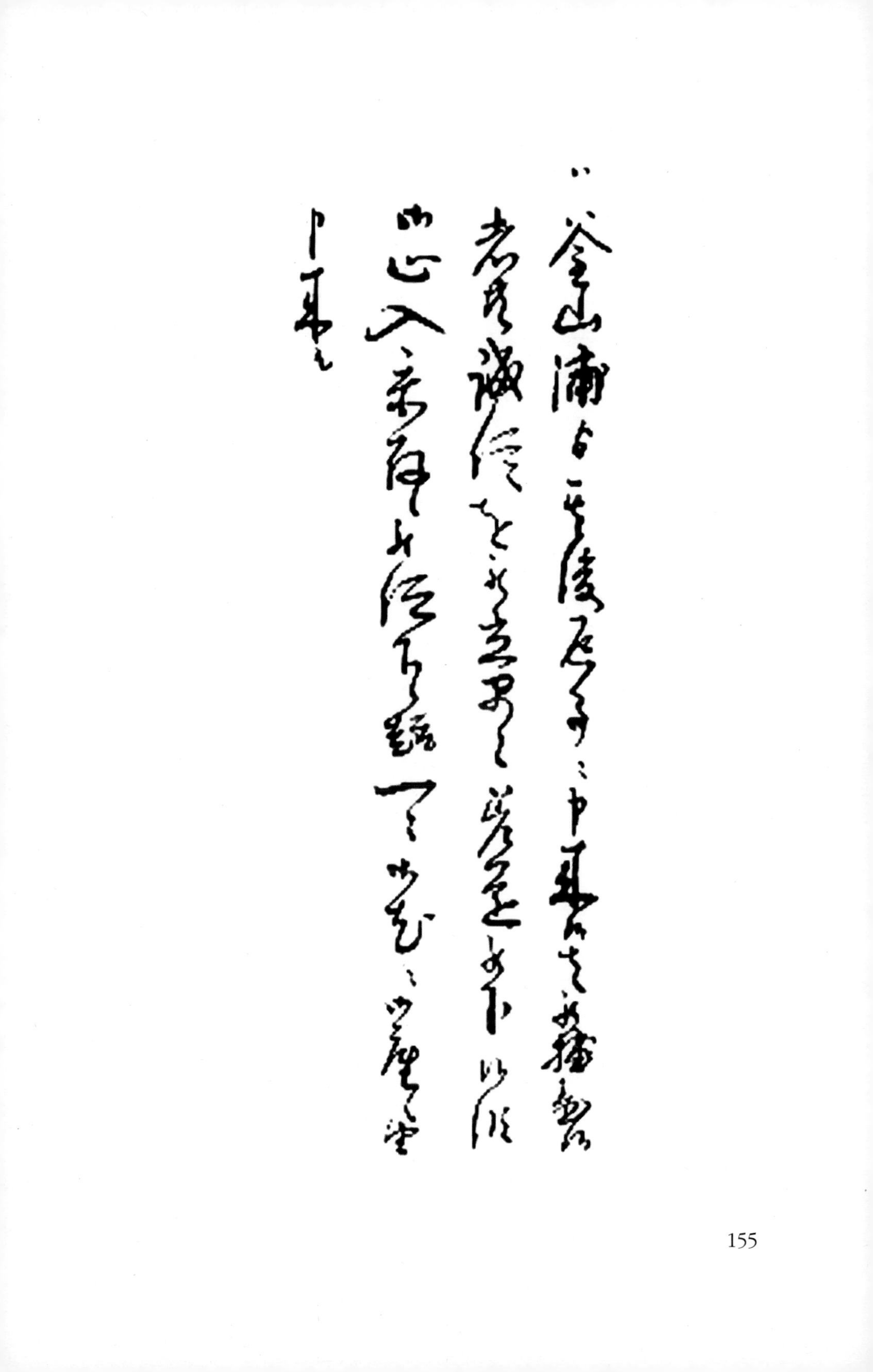

〃釜山浦より其後返事＝申来候者被捕置候者共誠信を被立早々差還
　被下候段御心入忝存候被仰下候趣一々御尤＝御座候由申来ル

〃釜山浦[の地頭]からは、その後、返事が来た。それによれば、捕
　え置かれた者共を、誠信を立てて早々に差し返して下された事
　について、その御心入れを忝く思います。仰せ下された趣旨
　は、その一々が御尤もであると、そのように申して来た。

〃부산포[의 통솔자]로부터 그 후 답장이 왔다. 그에 따르면 포획
　한 자들을 성신을 다해서 서둘러 돌려보내 주신 일에 대해 그 배
　려에 감사드린다. 말씀해 주신 취지는 그 하나하나가 당연하다
　고 그렇게 전해 왔다.

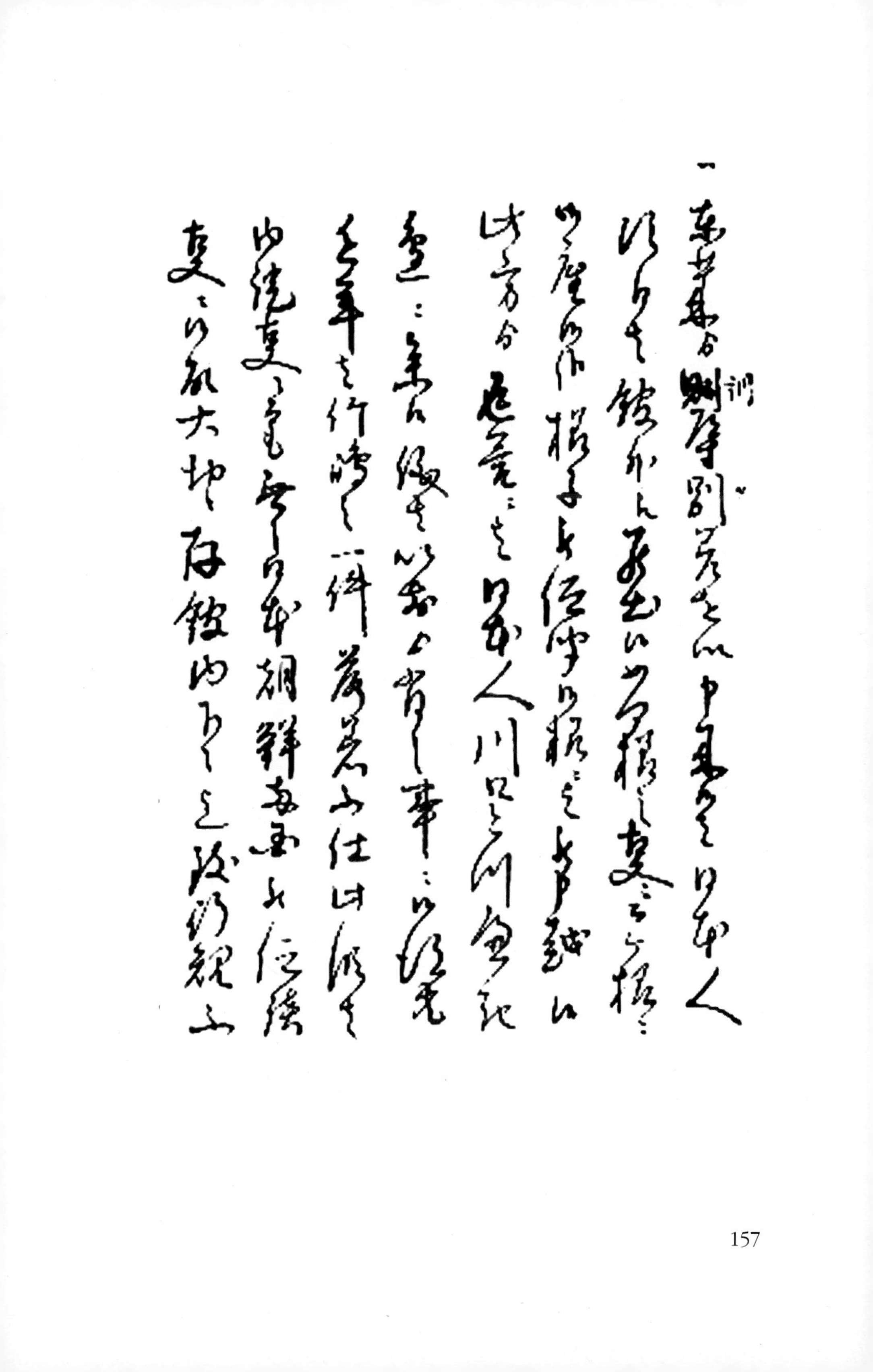

〃東莱より訓導別差を以申来候者日本人頃日者館外〓罷出候如何様
之事〓而ヶ様〓御座候哉様子被仰聞候様〓与被申越候此方より返
答〓者日本人川口とつへき辺〓参候儀者以前より有之事〓候得共
近年者竹嶋之一件落着不仕此段者内証事〓而も無之日本朝鮮両国
被仰談事〓候故大切〓存館内下々迄致行規不

〃東莱府使から訓導と別差を以て申し伝えて来た事がある。すな
わち、日本人が近頃、館外へ罷り出る事があった。どのような
事情で、このような事になったのであろうか。その様子をお聞
かせ下さる様にと、申し入れて来た。こちらからの返答では、
日本人が川口の東平の辺りに参る事は、以前からよく有った事
である。だが近年は竹嶋の一件の落着がならず[両国の下々の者
どもの間に、不穏の空気が漂っていた。]この事は内証事でも無
く、日本と朝鮮の両国で語り合われている事である。[この一件
が落着するよう、皆々が]大切に思い、館内の下々の者迄も行規
を正しく致し[混乱を招かないよう]

〃동래부사가 훈도와 별차를 통해 전해 온 것이 있다. 즉 일본인이
근래 왜관 밖으로 나오는 일이 있었다. 어떤 사정으로 이러한 일
이 된 것인가. 그 상황을 알려 주길 요구해 왔다. 이쪽의 답변은
일본인이 강입구의 동평에 가는 일은 이전부터 흔히 있었던 일
이다. 그러나 근년에는 죽도일건이 해결되지 않아 [양국의 아랫
사람들 간에 불온한 공기가 떠돌고 있다.] 이 일은 비밀도 아니
고 일본과 조선 양국에서 이야기되고 있는 일이다. [이 일건이

해결되도록 모두가] 중요한 일이라고 생각하고, 관내 아랫사람
들도 규율을 바르게 하여 [혼란을 초래하지 않도록]

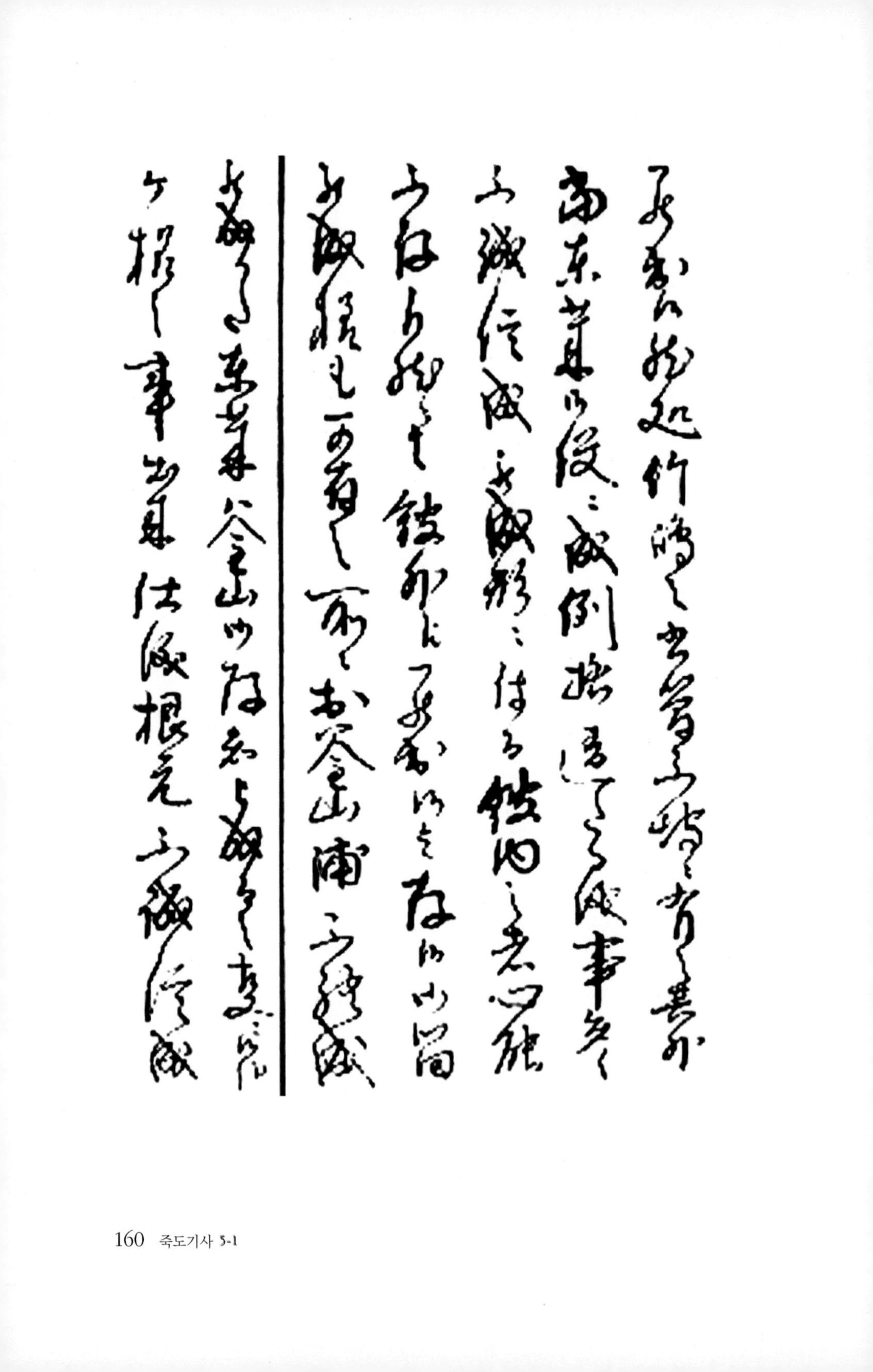

罷出候然処竹嶋之書簡不埒＝有之其外当東萊御役＝成例格違たる儀事
多く不誠信成被成形＝付而館内之者心能不存自然＝者館外江罷出候与
存候御留被成様も可有之所＝於釜山浦不礼成被成かた東萊釜山御存知
被成而之事＝候哉ヶ様之事出来仕儀根元不誠信成

館外へ罷り出ないようにしていた。そのような処に、竹嶋の書簡が
不埒[な形で送られて来る事が]有り、その外に今度、東萊府使として
の御役目に就かれた方に成ってからは、これまでの慣例と格段に違
う事が多くなってきた。その不誠信である成され方に付いて[こちら
の]館内の者どもが心よく思わず[不満を現すため]自然と館外へ罷り
出ようとする事になった。それを御留め成されるに[それなりの方法
も]有る筈の所、釜山浦に於いて、不礼な成されかたがあって[このよ
うな事件が起こってしまった。]その[成され方は、おそらく]東萊府
使や釜山僉使も御承知の上での成され方であったろう。この様な事
が起こってしまった事に付いては、その根元には不誠信な[そちらの]
成され

관외에 나가지 않도록 하고 있었다. 그런데 죽도의 서간이 예의에 어
긋난 [형태로 전해진 일이] 있고, 그 외에도 이번에 동래부사 역을 담
당하는 분이 바뀐 후로는 지금까지의 관례와 크게 달라진 일이 많다.
그 성신에 어긋난 대처방법에 대해 [이쪽] 관내 사람들이 불만스럽게
생각하여 [불만을 표출하기 위해] 자연스럽게 관외로 나가게 되었다.
그것을 만류하는 데는 [그 나름대로의 방법도] 있을 것인데, 부산포에
서 예의에 어긋난 행동이 있어 [이러한 사건이 일어나고 말았다.] 그

[행동방식은 아마도] 동래부사와 부산첨사도 알고 계셨을 것이다. 이러한 일이 일어나 버린 것에 대해서는 그 근원에는 불성신한 [그쪽의] 행동

被成形ニ付而之事候兼而度々申談候通此度竹嶋之儀刑部大輔殿江戸表
江被罷登候節東武より竹嶋之儀御尋ニ付而念比ニ被仰上貴国御望之通
結構罷成候然処御礼之書簡ニ罷成不入事を被書加東武江難差上様ニ被
成候段不誠信成被成様与存候竹嶋一件之儀者貴国ニ茂

方があり、それによる[こちらの不満の表れという]事がある。兼ねて
から度々に申し入れて置いた通り、此の度、竹嶋の事について、刑
部大輔殿が江戸表へ罷り登り、その節、東武から竹嶋の事について
御尋ねになると言う事があった。それに付いて[刑部大輔殿から東武
へ]懇ろに御報告があり、貴国の御望みの通りに[この一件は]結構に
罷り成ったのである。そのような処で、御礼の書簡と言う事に成り
[そこで]不必要な事を書き加えられては[そのような書簡を]東武へ差
し上げるわけには行かない。そのように[差し上げ難く]成ったのは
[そちらの]不誠信な成され様のせいである。そのように[こちらは]
思っている。竹嶋一件の事は、貴国に於いても、

방법이 있어, 그에 대한 [이쪽의 불만의 표현인] 것이다. 전부터 자주
언급해 두었듯이, 이번 죽도 일에 관해 교우부 타이후가 에도에 등성
해 그때 동무가 죽도 건에 대해 질문하신 일이 있었다. 그것에 대해
[교우부 타이후가 동무에] 성의 있게 보고하여 귀국의 희망대로 [이 죽
도일건은] 잘 해결된 것이다. 그런데 사례의 서간을 보낼 때 [그곳에]
불필요한 일을 기입해서는 [그러한 서간을] 동무에 상신할 수 없다. 그
렇게 [상신하기 어렵게] 된 것은 [그쪽이] 불성신하게 행동했기 때문이
다. 그렇게 [이쪽은] 생각하고 있다. 죽도일건의 일은 귀국에서도

無御心元被思召候処刑部大輔殿働を以ヶ様ニ罷成候上者被対刑部大輔
殿望之通書簡御調不被下候而不叶事候朝廷方御合点なく候共東莱よ
り幾度も御注進候而御書改可被下儀を一筋ニ注進難成与被仰切候去迎
ハ不聞御心入与存候其節も判事江申聞候通只今之東莱不儀之御心入ニ
候者必御難儀可有御座段申届

御心元無く思っておられた事であろう。そのような処に、刑部大輔
殿の御働きを以て、このように罷り成った。その上は刑部大輔殿に
対し、その望み通りの書簡を御調え下さらなければ叶わぬ事であ
る。朝廷方の御合点がなくても、東莱府使から幾度も御注進を申し
上げ[書簡を]御書き改め下さるよう、その事を一筋に注進なさるべき
である。だがそれは成り難い事と[そのように]仰せ切られてしまっ
た。然しながら[刑部大輔殿の]御心入れを聞かないとなさった其の折
に、判事へ申し入れた事がある。それは只今の東莱府使は礼儀を知
らず、心掛けが悪いので[そのうち]必ず難儀な事が出て来るで有ろう
と、そのように申して

불안하게 생각하고 있었을 것이다. 그러한 상황에서 교우부 타이후
님의 활약으로 이렇게 해결되었다. 그런 상황에서 교우부 타이후 님
께 희망하는 대로의 서간을 작성해 주시지 않으면 안 되는 일이다.
조정 측의 승낙이 없어도 동래부사가 몇 번이고 주진하여 [서간을]
수정해 주시도록 그 일을 한결같이 주진해야 했다. 그러나 그것은 하
기 어려운 일이라고 [그렇게] 거절당했다. 그러면서 [교우부 타이후
님의] 요구를 듣지 않겠다고 한 그때, 판사에게 전갈한 일이 있었다.

그것은 현 동래부사는 예의를 알지 못하고 심지가 좋지 않아 [언젠
가] 반드시 어려운 일이 생기게 될 것이라고, 그렇게 말해

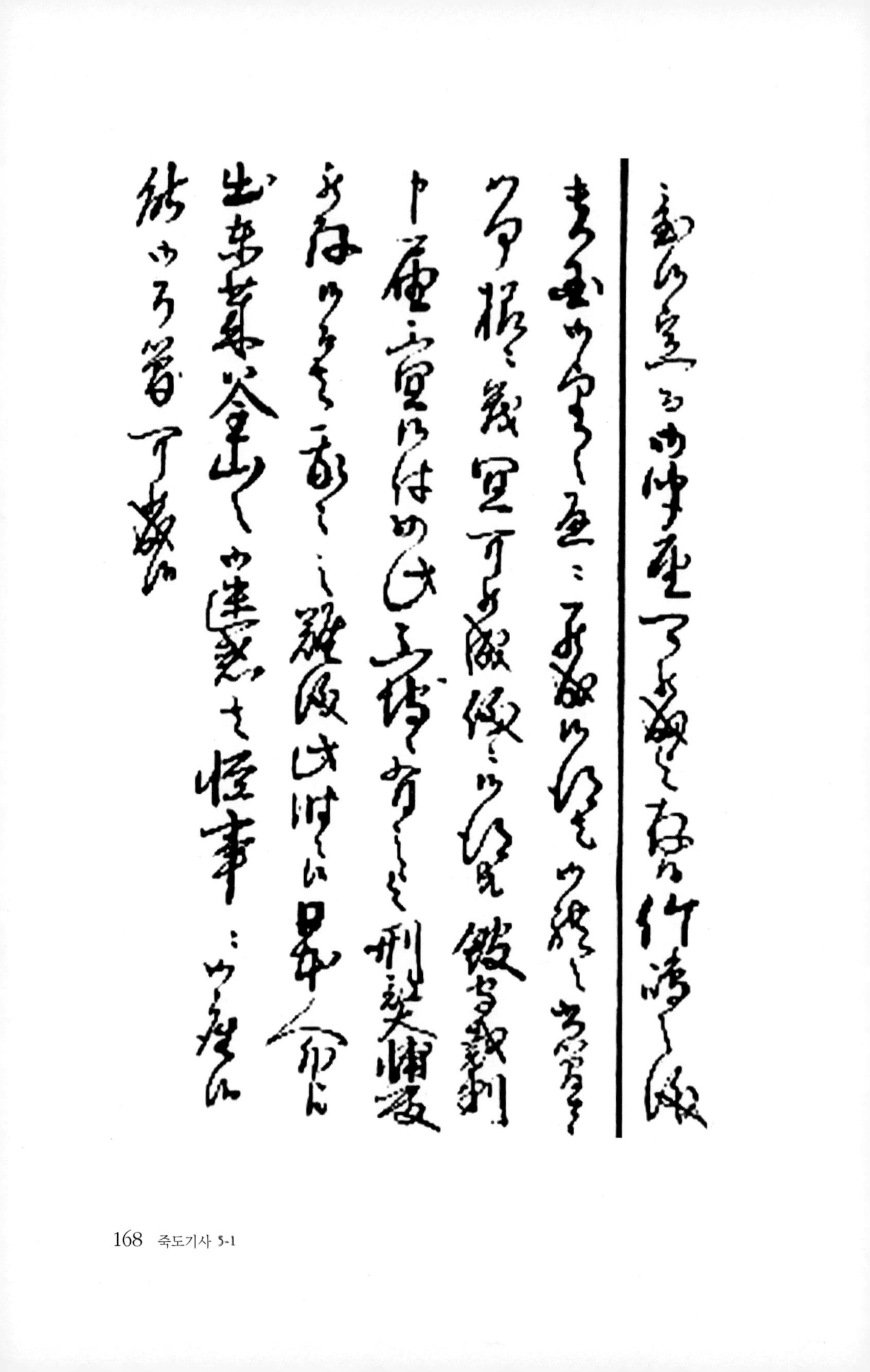

置候定而御聞届可被成与存候竹嶋之儀貴国御望之通ニ罷成候得者御礼
之書簡者如何様ニ茂宜可被成儀ニ候得共館守裁判申届不宜候付如此不
埒ニ有之与刑部大輔殿被存候而者我々之難儀此時ニ候日本人外ヘ出東
莱釜山之御迷惑者軽事ニ御座候能御了簡可被成候

置いた。おそらく御聞きしている事であろう。竹嶋の事は、貴国の
御望み通りに罷り成ったので、御礼の書簡は、どのようにも宜しく
作成できる筈である。だが館守ならびに裁判に届けられたものは、
宜しく無いものであった。そのような事であるので[釜山浦に於いて]
このように不埒な事が有ったと、刑部大輔殿がお知りになっては、
我々の難儀は、この時とばかり[いっそう酷くなって]起こってくる。
[それに対し]日本人が外へ出ても、東莱府使や釜山僉使の御迷惑は
[たいそう]軽い事であろう。この事を、よく御考えになられるべきで
ある。

두었다. 아마도 들었을 것이다. 죽도의 일은 귀국이 원하는 대로 해결
되었기 때문에, 사례의 서간은 어떻게든 잘 작성할 수 있었을 것이다.
그러나 관수와 재판에게 전해진 것은 좋지 않은 것이었다. 때문에
[부산포에서] 이렇게 좋지 않은 일이 발생했다는 것을 교우부 타이후
님이 아시게 되면, 우리들의 난처한 입장은 지금보다 [한층 심해질]
것이다. [그에 비해] 일본인이 관외로 외출해도 동래부사와 부산첨사
의 피해는 [매우] 가벼울 것이다. 이 일을 잘 생각하셔야 한다.

(50-02)

〃九月東莱より館守方江申来候者先頃東平江日本人罷越候付其旨都江
注進仕候所此間都より返答申来候間近日館守江接待仕度旨申来ル

(50-02)

〃九月に、東莱府使から館守方へ[連絡が]来た。[以下のような事
である。]先頃、東平へ日本人が罷り越した。その事に付いて、
其の旨を都へ注進致した。すると、その後、都から返答を申し
て来た。それゆえ[この件に関し]近日中に館守へ接待(会談)を行
い度いと、そのような趣旨を申し伝えて来た。

(50-02)

〃9월 동래부사로부터 관수 측에 [연락이] 왔다. [이하와 같다.] 지
난번 동래에 일본인이 넘어왔다. 그 일에 대해 그 내용을 도성에
주진했다. 그러자 그 후, 도성에서 답이 왔다. 그래서 [이 건에 관
해] 근일 중에 관수에게 접대(회담)하고 싶다고, 그러한 취지를
전해 왔다.

(50-03)

〃同月廿九日送使宴席之跡ニ館守太庁江罷出東莱江令対面候所東莱
被申聞候ハ今度都より申参候儀者竹嶋御書翰之儀ニ付裁判も被致
立腹夫故日本人遠方江被差越候様子ハ尤ニハ候得共御書簡之儀被
申聞様ハ幾重ニも可有之所ニ右之仕形不宜候殊僉官衆之儀者此方
より馳走を仕客之儀ニ御座候間遠方江御出候儀御

(50-03)

〃同月二十九日、送使宴席の後に、館守が大庁へ罷り出て、東莱
府使と対面を致した。そこで東莱府使が申して来た事は、今度
都から下って来た返答の事である。すなわち、竹嶋の御書簡の
事に付いては、裁判も立腹を致されたようで、それゆえ日本人
を[東平のような]遠方へ[示威活動のため]出向かせたのであろ
う。その「不満の表出の」様子は[いかにも]尤ものように見える。
だが、そのような御書簡[に対する不満]について、それを伝える
[手段は]なお幾らでも有ったであろうに、右のような[無謀な]仕
形を選んでくれた。これは宜しく無い方法である。殊に[特送使
として渡海なさった]僉官衆の方々は、此方から馳走を仕る客の
筈である。それが[礼節をわきまえず、気侭に]遠方へ出掛ける事
は[客としての自覚に欠けている。当然ながら]

(50-03)

〃동월 29일, 송사연석이 끝난 후 관수가 대청에 나와 동래부사와
대면했다. 그곳에서 동래부사가 전한 것은 이번에 도성에서 내

려온 답변에 관한 일이다. 즉 죽도에 관한 서간에 대해서는 재판도 화가 난 것 같아, 때문에 일본인을 [동평과 같이] 먼 곳에 [시위 활동을 위해] 내보냈을 것이다. 그 [불만을 표출하는] 방법은 [어쩌면] 당연한 일처럼 보인다. 그러나 그 같은 서간[에 대한 불만]에 대해 그것을 전하는 [수단은] 얼마든지 있었을 텐데, 위와 같이 [무모한] 방법을 선택하였다. 이것은 좋지 않은 방법이다. 특히 [특송사로 도해하신] 첨관 분들은 이쪽에서 대접을 해야 하는 손님이다. 그들이 [예절을 분별하지 못하고 멋대로] 원방까지 외출하는 일은 [손님으로서의 자각 부족이다. 당연히]

遠慮も可有之処＝左も無之候段朝廷方心能不被存候由申参候其元江も
気毒＝可被思召候至二に私一も難儀＝存候由東莱被申聞候付館守返答仕
候者都より被仰越候段被仰聞承届候此方少も気毒不存候東莱御難儀
可被成共不存候子細者内々も申入候通竹嶋御書簡之儀又々御注進候
様申入候処決而御注進被成間敷与東莱より被仰切候付左様候而者何
方江申談都江も

御遠慮も有る筈であろうに、そのような事も無く[傍若無人]に振る
舞っておられる。この様な成され方は、朝廷方も心能く思われな
かった。それゆえ[今回]申し参った事は[極めて厳しい御返事であ
る。]これは、そちらにとっても気の毒[な結果であり、失望]なさる
事であろうが、私にとっても、難儀に思う所である。そのような事
を東莱府使が申して来た。そこで、それに付いて館守が返答をし
た。都からの御返事を、この度、お聞かせ頂き承った。だが、こち
らにとって[この事は]少しも気の毒な事ではない。また東莱府使が御
難儀に成られようと[こちらにとって、それは]関知しない事である。
子細について言えば、内々で申し入れた通り、竹嶋の御書簡の事
で、又々御注進なさるよう[こちらから]申し入れた。だが決して御注
進に成られ無いと[そのように]東莱府使から仰せ切られた。それゆ
え、そのようであれば何方へも申し入れ、都へも

삼가야 했음에도 그러지 않고 [방약무인]으로 행동하고 있다. 이러한
행동은 조정 측도 탐탁지 않게 생각했다. 그래서 [이번에] 전한 일은
[매우 엄중한 답변이다.] 이것은 그쪽에게도 안 좋은 [결과로 실망]하

시겠지만, 나도 좋지 않게 생각하는 바이다. 그처럼 동래부사가 전해 왔다. 그러자 그에 대해 관수가 답변했다. 도성에서 온 답을 이번에 전해 들었다. 그러나 이쪽으로서는 [이 일은] 조금도 안 된 일이 아니다. 또 동래부사가 어렵게 되어도 [이쪽으로서는 그것은] 관계없는 일이다. 자세한 것에 대해서는 비밀리에 요구한 대로, 죽도서간의 일로 또 주진해 달라고 [이쪽에서] 요구했다. 그러나 결코 주진할 수 없다고 [그렇게] 동래부사가 거절했다. 때문에 그렇다면 어느 곳에라도 요구하여 도성에도

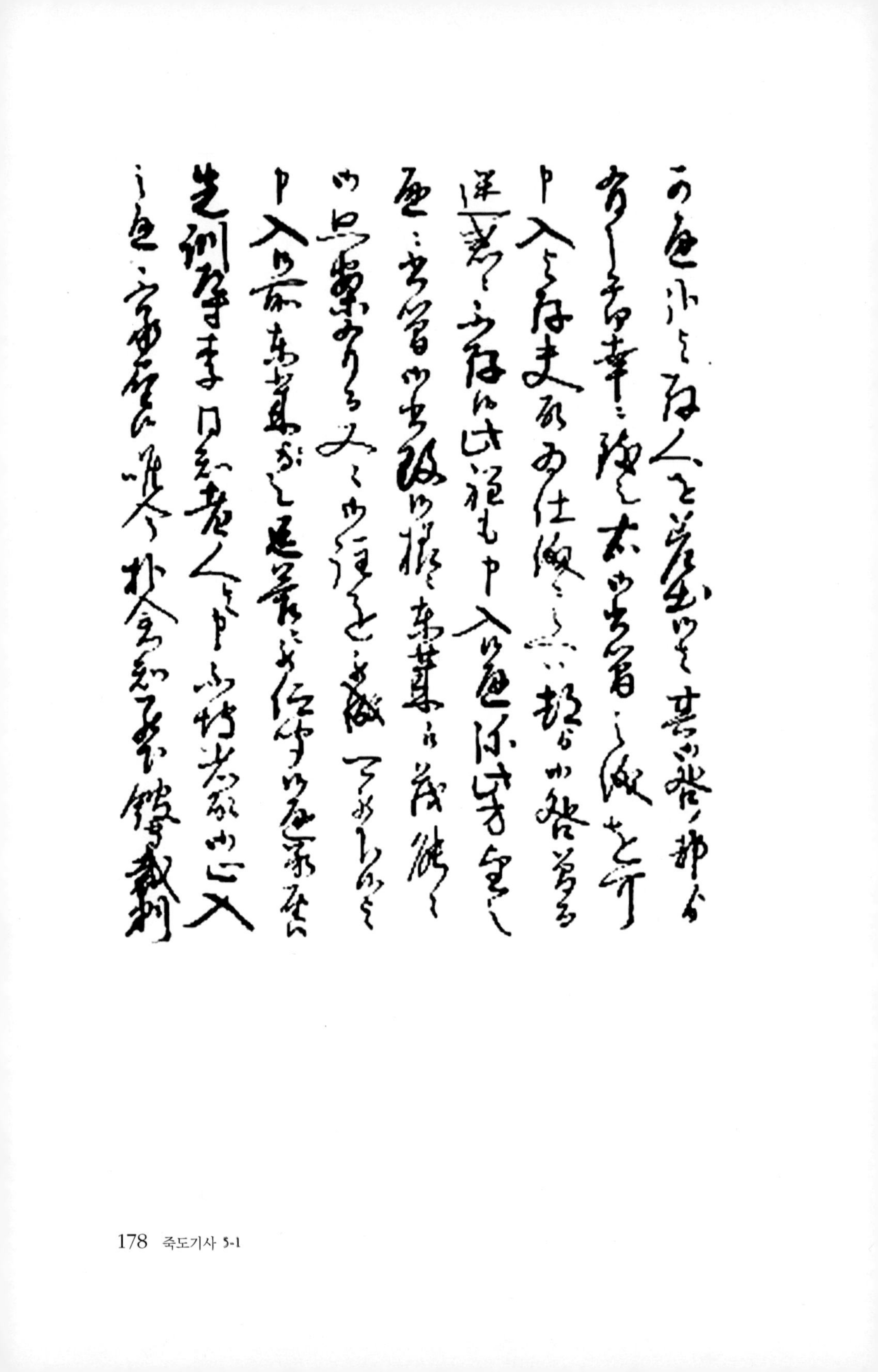

可通哉与存人を差出候者其御咎〆都より有之節幸ニ致シ右御書簡之儀
を可申入与存夫故為仕儀ニ候ヘハ都より御咎曽而迷惑ニ不存候此程も
申入候通弥此方望之通ニ書簡御書改候様ニ東莱江茂能々御思案有而
又々御注進被成可被下候与申入候処東莱より之返答ニ被仰聞候通承届
候先訓導李同知老人与申不埒者故御心入之通不承届候唯今朴僉知罷
下館守裁判

罷り通り[申し入れを行う]つもりである。そのような[決意の中で遠
方へ]人を差し遣わしたのである。[もしも]その御咎めが都から有る
となれば、その機会を捉え、これ幸いと、右の御書簡の事を[朝廷に]
申し入れるつもりであった。それゆえに[遠出を]行ったことである。
そのような理由があるので、都からの御咎めは、全く迷惑には思っ
ていない。今回も申し入れた事ではあるが、その通りに、いよいよ
こちらの希望通り、書簡が書き改まるよう、東莱府使に於かれて
は、能く能く御思案の上で、又々御注進下さるよう[お願いする。]そ
のように申し入れた所、東莱府使からの返答は、お聞かせ頂いた通
りを[こうして]承った。先の訓導である李同知老人と申す者は、不埒
者であり[そのような対州の]御心入れについて、その通りを承って来
なかった。唯今、朴僉知が[都から]罷り下り[そのお役目に就いた。
そして]館守ならびに裁判の

알려 [요구할] 생각이다. 그 같은 [결의 속에서 원방에] 사람을 내보
낸 것이다. [만일] 그에 대한 문책이 도성에서 있다면 이를 기회 삼아
위의 서간에 대해 [조정에] 요청할 생각이었다. 그래서 [원방에 외출

하게] 한 것이다. 그 같은 이유가 있으므로 도성의 문책은 전혀 개의
치 않는다. 이번에도 요구한 일이지만 그대로, 이쪽이 희망하는 대로
서간이 개서되도록 동래부사의 입장에서 잘 생각한 후에 다시 주진
해 주시길 [바란다.] 그렇게 요구하자 동래부사가 답하길, 말씀하신
그대로를 [이렇게] 받아들였다. 이전의 훈도였던 이동지 노인이라는
자는 불성실한 자로 [그러한 타이슈우의] 생각을 그대로 받들지 않았
다. 바로 지금 박 첨지가 [도성에서] 내려와 [그 임무를 맡았다. 그리
고] 관수와 재판의

思召寄之程承届候故御書簡之儀此程も段々注進仕置候乍此上も弥宜
注進可仕候御心安可被思召候与被申聞候此方より申入候者朝鮮も近
年飢饉之由ニ而兼帯之未収壱万六千俵米も唯今迄段々相重申候左様候
而者役条諸事正敷被成候与ハ不存候弥向後未収無之様可被仰付候未
進有之候而者此方役方之者難儀仕事ニ候間左様之儀ニ付何角出入之儀
も出来仕候而者

お考えの程を承った。それゆえ御書簡の事も進展し、今後色々と注進
をしてくれる事になるであろう。言わずもがなの事ではあるが[朴僉
知は]いよいよ宜しく注進を仕るつもりであるという。それゆえ御心
安く、お考えになられるようにと、そのように[こちらに]伝えて来
た。[それに対し]こちらから申し入れた事は、朝鮮も近年は飢饉の状
態に有るとの事である。それゆえ兼帯(集約した使者)(註5)の未収が[す
でに]壱万六千俵にも上っている。[その他にお支払い頂く]米も唯今
迄、色々と滞りが積み重なって来ている。そのようであるので、約条
の諸事が正しく[履行]されているとは思われない。向後、未収が無い
様に、しっかりと[そちらの役方に]仰せ付けをして頂きたい。未収が
有っては、こちらの役方の者が難儀をする。それによって[紛争が生
じ]また何かと出入りの事も勃発するようになっては[大変である。]

생각이 들었다. 때문에 서간의 일도 진전되고 금후 여러 가지를 주진
해 줄 것이다. 말할 필요도 없지만 [박 첨지는] 좋은 방향으로 주진할
생각이라고 한다. 그러므로 마음 편히 계시도록, 그렇게 [이쪽에] 전
해 왔다. [그에 대해] 이쪽이 요구한 것은 조선도 근년 기근 상태에

있다고 한다. 때문에 계속된 사자 파견으로 인한 미수가 [이미] 1만 6천 가마나 된다. [그 외에 지불받을] 쌀도 여전히 여러모로 밀려 있다. 그러므로 조약의 모든 일이 [이행]되고 있다고는 생각되지 않는다. 향후 미수가 없도록 정확히 [그쪽 책임자에게] 명령해 주었으면 한다. 미수가 있어서는 이쪽 책임자가 곤란하다. 그로 인해 [분쟁이 생겨] 또 여러모로 출입할 일이 생기게 되면 [큰일이다.]

東萊江茂御難儀被成私迚も気之毒ニ存候互ニ役之儀者大切ニ存候間事之
無之を社弥重存候将又乍序申入置候向後対州より用事有之而使者又
者裁判差越候時分折々接待も被成其用事御済可被成候今迄者東萊接
慰官より不時之摂待被成間敷書簡書直候儀又々注進被成間敷抔与極
而被仰切候儀度々有之ニ付其分ニ而者難相済東萊入

東萊府使も御難儀に思うであろうが、私にとっても[紛争が生じては]
気の毒に思うところである。お互い役向きの事に付いては[それぞれ]
大切に思うところであり[揉め]事の無い事こそ、目出度い事である。
なおまた序での事ながら申して置くが、向後、対州から用事が有
り、使者又は裁判が渡って来た時、折々に接待(会談)を設け、其の用
事を済ませて頂きたい。今迄は東萊府使ならびに接慰官から、不時
の接待(会談)は出来ない、また書簡を書き直すための注進は出来ない
などと、厳しく言い切られて来た。度々このような事が有ったが、
そのような事では[問題の処理が]済むわけが無い。[使者が]東萊府に
乗り込む事になったり、

동래부사도 어려운 일이라고 생각하겠지만, 본인도 [분쟁이 생기면]
안 된다고 생각하는 바이다. 서로의 역할에 대해서는 [각각] 소중히
생각하는 바이니 [다투는] 일이 없는 것이야말로 좋은 일이다. 그리고
또 말해 두자면 향후 타이슈우로부터 용건이 있어 사자 또는 재판이
도해해 왔을 때, 가끔 접대(회담)를 열고 그 용건을 마칠 수 있게 해
주었으면 한다. 지금까지는 동래부사 및 접위관이 불시로 접대(회담)
는 할 수 없다, 또 서간을 수정하기 위한 주진을 할 수 없다는 등, 엄

중히 거절당해 왔다. 자주 이러한 일이 있었지만 그래서는 [문제 처리가] 끝날 수가 없다. [사자가] 동래부에 출입을 감행하게 되거나

又者今度之様成首尾致出来候以後ハ幾度も御心能御注進被成善悪之儀
者都より之御返事を承候へハ使者之者裁判ニ至而も一分立申事候日本
人之心入之儀者朴僉知能存居候間御聞候而向後之御心入可被成候私之
儀者猶以当役之儀ニ御座候間諸事御心安申談折々接待仕可申候兔角間
疎々敷候而者用方之儀埒明不申候由申達候処東莱返答ニ者今日者寛々

または今度の様な出来事が持ち上がったりする。そのような事が起
こった以後は[紛争拡大を防ぐため、逆に]幾度も御心能く御注進に成
られるべきである。その[注進の結果が]善いか悪いかの事は、都から
の御返事を承れば[こちらも理解できる事である。]使者の者は、裁判
に至っても[都への御注進があれば、それで御役目の]一分を立てた事
になる。日本人の心入れの事に付いては、朴僉知は能く存じて居る
ので[その旨を]御聞きになり、向後[そちらの役方]の御心入れを正し
て頂きたい。私の事に付いては[お気遣いは御無用である。]猶まだ
[和館に引き続き在住する]当役である。それゆえ[まだ暫くは、そち
らと]諸事を御心安く話し合える[間柄である。]折々に接待会談など
を仕りたいと思っている。兔も角も[我々の]間が疎遠であっては[両
国の]用向きの事は処理ができず、片付かない。そのような事を申し
伝えた所、東莱府使の返答があった。今日は寛いでの

또는 이번과 같은 사건이 발생하거나 한다. 그 같은 일이 일어난 이
후에는 [분쟁의 확대를 막기 위해 반대로] 몇 번이나 주진을 해야 한
다. 그 [주진 결과가] 좋은지 나쁜지는 도성의 답변을 들으면 [이쪽도
이해할 수 있는 일이다.] 사자는 물론 재판도 [도성에 주진하게 되면,

그것으로 역할의] 일부를 이룬 것이 된다. 일본인이 원하는 바에 대해서는 박 첨지가 잘 알고 있으므로 [그 취지를] 들으시고, 향후 [그쪽 담당자의] 생각을 바로잡아 주셨으면 한다. 나에 대해서는 [신경 쓰지 않으셔도 된다.] 아직 [왜관에 계속 주재할] 역할이다. 그러므로 [아직 얼마간 그쪽과] 여러 일을 편안히 이야기할 수 있는 [관계이다.] 가끔 접대회담 등을 하고 싶다고 생각하고 있다. 어쨌든 [우리들] 사이가 소원해지면 [양국의] 용건은 처리할 수 없고 정리되지 않는다. 그 같은 일을 전하자 동래부사의 답변이 있었다. 오늘은 편안한

得御意珎重存候仰之通其元与私間遠々敷候付不宜儀も致出来候以後
者御心安可申談候先刻より被仰聞候儀一々承届候朝鮮も凶年斗も有
之間敷候間各官江も相触向後未収無之様ニ可仕候

会談で[じっくりと]意見をお聞かせ頂き、実に有意義であった。お話
し下さった通り、貴方と私とは[これまで、やや]疎遠であった。それ
ゆえ宜しくない事も湧き起こった。だが以後は、御心安く[互いに]話
し合いたいものである。先刻からお聞かせ下さった事は一々承知を
致した。朝鮮も凶年ばかりでは無い。[豊かに実る年もある。担当す
る]各官へも触れを出し、向後は[そちらの]未収が無い様にするつも
りである。

회담으로 [충분히] 의견을 들을 수 있어 참으로 유의했다. 말씀하신
대로 귀하와 나는 [지금까지 약간] 소원했다. 그래서 좋지 않은 일도
일어났다. 그러나 이후로는 편하게 [서로] 논의하고 싶다. 이전부터
말씀하신 일은 모두 잘 이해했다. 조선도 흉년만 있는 것은 아니다.
[풍작의 해도 있다. 담당] 관리들에게 연락해 향후로는 [그쪽에] 미납
이 없도록 할 생각이다.

唯今被仰聞候段不残都江注進仕可申候縦朝廷方心二不叶私科二逢候共
其段者不顧候間幾度も注進可仕候御心安可被思召候今日者緩々与得
御意御心入之通承届此方へも致安堵候由被申聞

そして唯今お聞かせ下さった事は、残らず都へ注進するつもりであ
る。たとえ[その事が]朝廷方にとって心に叶わぬものであり、私が科
に逢おうと、そのような事をも顧みず、幾度でも注進をしたいと
思っている。それゆえ[対州の御意向は必ず都へ届くので]御安心下さ
い。今日は緩々と御意見を伺った。そして、その真意を承って、こ
ちらも安堵を致した。そのような事を申して来た。

그리고 지금 말씀하신 일은 남김 없이 도성에 주진할 생각이다. 가령
[그 일이] 조정 측에서는 흡족한 일이 아니라 내가 처벌받을지라도
그러한 일은 생각하지 않고 몇 번이고 주진하고 싶다고 생각한다. 때
문에 [타이슈우의 의향은 반드시 도성에 전해지므로] 안심해 주시오.
오늘은 의견을 자세히 들었다. 그리고 그 진의를 알고 이쪽도 안도했
다. 그러한 일을 전해 왔다.

(50-04)

〃御国家老中より館守唐坊新五郎裁判高勢八右衛門方江遣候九月廿
　一日之書状之略左記

(50-04)

〃御国の家老中から、館守の唐坊新五郎、裁判の高勢八右衛門方へ
　遣わした九月二十一日付けの書状がある。その略を左に記す。

(50-04)

〃나라의 가로들이 관수 토우보우 신고로우, 재판 타카세 하치에
　몬에게 보낸 9월 21일부의 서장이 있다. 그 개략을 아래에 기록
　한다.

〃竹嶋御礼之書簡之儀此方より申談候様ニ者難書改候由其外段々不
誠信成仕形共有之候故日本人館外ㇷ折々被差出候処少々出入者有
之候得共其段も無別条相済東莱釜山心入も物毎違恰合能罷成候

[御国からの書状]

〃竹嶋についての御礼の書簡の事である。こちらから申し入れた
ように[その希望通りに]書き改めることは難しいとの事を承っ
た。その外に色々と不誠信な仕形などが有ったので[不満のゆえ]
日本人を館外へ時々差し出されたようである。そのような処
に、少々の出入りが有ったけれども、其の事も、別条無く済ん
だようである。東莱府使や釜山僉使の考え方も、常のものとは
違い、話が噛み合うように成って来た。

[나라의 서장]

〃죽도에 대한 사례의 서간에 관한 일이다. 이쪽에서 요구한 [그
희망대로] 수정하는 일은 어렵다는 것을 들었다. 그 외에 여러
가지 성의 없는 행동들이 있었기 때문에 [불만 표출을 위해] 일
본인을 관외로 가끔 내보낸 것 같다. 그러한 일로 약간의 출입이
있었지만 그 일도 별탈 없이 끝난 것 같다. 동래부사와 부산첨사
의 생각도 평상시와는 달라 이야기가 통하게 되었다.

ヶ様之儀付候而歟訓導為代朴僉知罷下候故此方心入之儀東莱江被申通
候之処今度之御書簡之内奉行之文字与御座候所ハ御嫌被成候者為申
登為直可申候由申候故返答之趣承届尤存候

このような[出入りの]事があったからかもしれないが、訓導が交代と
なり、朴僉知が罷り下って来た。それゆえ、こちらの考えが東莱府
使へ通じるようになった。そのような処で、今度の御書簡の内に奉
行の文字と有る所は[こちらが]嫌っているので[その旨を都に]報告
し、お直し下さるよう申し上げるつもりであると、そのように[朴僉
知が]申していたという。そうであるなら、その返答の趣旨を[まずは
こちらも]承るべきで[それを]尤に思う所である。

이렇게 [외출한] 일이 있었기 때문일지도 모르지만 훈도가 교체되어
박 첨지가 내려왔다. 그래서 이쪽 생각이 동래부사에게 전해지게 되
었다. 그런데 이번 서간 안의 봉행이라는 문구는 [이쪽이] 싫어하고
있어 [그 뜻을 도성에] 보고해 수정해 주시도록 요구할 생각이라고
그렇게 [박 첨지가] 말했다고 한다. 그렇다면 그 답변의 취지를 [일단
은 이쪽도] 알아야 하는 것으로 [그것이] 당연하다고 생각한다.

(50-05)

〃館守裁判方〓訓導朴僉知入来都より申来候由〓而東莱より申来候
者竹嶋御書簡之儀書改差下候様〓与之儀委細〓申越此段者尤〓候
乍然日本人大勢とつへき川口辺〓被差出候儀裁判差図を以被差越
候由裁判儀者両国之儀を承ル役〓候得者左様之

(50-05)

〃館守および裁判方に、訓導の朴僉知がやって来た。都から[御指
図が]下って来たとの事である。東莱府使からの申し伝えは、竹
嶋御書簡の事に付いては書き改め、それを差し下すよう[都へ]委
細を注進致したとの事であった。それについては尤もであると
[そのような都からの返答]があったという。然しながら日本人が
大勢[禁を犯し]東平の川口の辺りへ出て行った事は[そのまま不
問に付す事はできない。殊に]裁判が差図し[それによって大勢の
日本人が]出て行ったと[聞いている。]裁判とは両国の[友誼交流
の]事を承る役柄で、このような

(50-05)

〃관수 및 재판 쪽에 훈도와 박 첨지가 찾아왔다. 도성에서 [지시
가] 내려왔다는 것이다. 동래부사가 전한 것은 죽도서간의 일에
대해서는 수정해서, 그것을 내려보내도록 [도성에] 자세히 주진
했다고 한다. 그 일에 대해서는 당연하다고 [그러한 도성의 답변
이] 있었다고 한다. 그러나 일본인이 무리지어 [금기를 어기고]
동평의 강어구 근처까지 외출한 일은 [그대로 불문에 부칠 수는

없다. 특히] 재판이 지시하여 [그로 인해 많은 일본인이] 외출했
다고 [듣고 있다.] 재판이란 양국의 [우의 교류의] 일을 담당하는
자로, 이 같은

儀者差図被仕間敷儀を下知を以被差出候ヶ様ニ可被致儀共不存候先馳
走方之儀不仕候様ニ与申来候一特送使僉官之儀客人之事ニ候得者馳走
仕候処遠方ニ被罷出候儀ヶ様有之間敷事候是又接待馳走方留置候様申
参候由申来候

事を差図してはならない[註6]。それを[この度は]下知し[侍どもを東平
の辺りへ]差し出した。このような事をする必要は[毛頭]無い事で
あった。先[の御使者]については馳走方の事で、これを受けないと
[自ら]そのように申していた。[それゆえ接待馳走方で、その馳走を
留め置いていた。今度の]一特送使の僉官は[皆が正式な]客人であ
る。それゆえ[今度はこちらが]馳走を致さねばならない。そのような
[馳走を受けるべき、礼儀正しい客人の筈であったのだが、そのよう
な]所を[この度、禁を犯し、勝手に]遠方に出て行くような事があっ
た。このような事は有ってはならない事である。[先の例と同様]是
又、接待馳走方で[今回の馳走を]留め置くべきである。このような報
告が[都から]あった事を伝えて来た。

일을 지시해서는 안 된다. 그런데 [이번에] 지시하여 [사무라이들을
동평 근처까지 내보냈다. 이 같은 일을 할 필요는 [전혀] 없었다. 이전
의 [사자에] 대해서는 치주의 방법으로, 이것을 받지 않겠다고 [스스
로] 그렇게 말하고 있었다. [그래서 접대치주 쪽에 그 치주를 보류해
놓았다. 이번의] 특일송사의 첨관은 [모두가 정식] 객인이다. 그 때문
에 [이번에는 이쪽이] 치주를 하지 않으면 안 된다. 그 같은 [치주를
받아야 하는 예의 바른 객인으로 생각했는데, 그러한] 상황에서 [이번

에 금기를 깨고 멋대로] 원방에 외출하는 일이 있었다. 이러한 일은 있어서는 안 된다. [앞의 예와 마찬가지로] 이 역시 접대치주 쪽에서 [이번의 치주를] 보류해 두어야 한다. 이 같은 보고가 [도성에서] 왔다는 것을 전해 왔다.

(50-06)

〃館守より返答仕候者先頃も東莱江申進候通以前者とつへき川口辺
江者日本人折々参見物仕たる事ニ候得共其後貴国より刑部大輔殿
江被仰達御相談之上ニ而際木を立為被置儀ニ候得ハ貴国より御咎
無之とても主人より為被申付事候故むさと際木を越候儀無御座
候今度竹嶋之御書簡之儀者

(50-06)

〃館守から[これに対し]返答をした。先頃も東莱府使へ申し伝えた
事ではあるが、以前から東平の川口の辺りへは、日本人が折々
に参り、見物などをしていた。其の後、貴国から刑部大輔殿へ
御申し出があり、御相談の上で[境域を示す]際木を立て置くよう
な事になった(註7)。それによって、貴国から御咎めが無くても
[こちらの]主人から申し付けられた事であるので、むやみに際木
を越えて[日本人が出掛けるような事]は無くなっていた。[その
ような中]今度、竹嶋の御書簡の事[があった。]

(50-06)

〃관수가 [이에 대해] 답변했다. 지난번에도 동래부사에게 전한 일
이지만, 이전부터 동평 강어구 주변에는 일본인이 자주 찾아가
구경 등을 하고 있었다. 그 후, 귀국이 교우부 타이후에게 요구
하여 논의한 후로 [경역을 나타내는] 경계목을 세워 두게 되었다.
그에 따라 귀국의 질타가 없어도 [이쪽] 주인이 명령한 일이므로
함부로 경계목을 넘어 [일본인이 외출하는 일]은 없어졌다. [그
런 상황에서] 이번 죽도서간의 일[이 있었다.]

各別之事候故都江も能御合点被成御書簡宜被書改被相渡候得者結構ニ
事相済誠信も立申与存今一応御注進被成被書改被下候様ニ与再三申達
候得共東莱御承引無之決而注進難成候由被仰切候然上ハ可仕様無之
館外江日本人差出候ハ、都江も相聞御咎も可在之候其時ニ至此方之

これは各別の事であり、それゆえ都へも能く御合点に成られ、御書
簡が宜しく書き改められて[こちらに]相渡されたならば、結構に事が
済み、誠信[の交わり]も継続すると思っていた。[だが、そうではな
かった。そこで]今一応、御注進に成られ、書き改められ下される様
にと、再三に亘り申し伝えた。しかし東莱府使からは御承引が無
かった。決して注進はできないと、そのように[強く]言い切られてし
まった。そうであれば[こちらは]どうにもできず[やむなく]館外へ日
本人を差し出したのである。もしも[この事が]都へも聞えれば[ある
いは]御咎めも在るであろう。其の時に至り、こちらの

이것은 특별한 일로 때문에 도성에서도 잘 납득하여 서간을 잘 수정
해 [이쪽에] 전해 주셨다면, 일이 잘 성사되어 성신[의 교류]도 계속
될 것이라고 생각하고 있었다. [그러나 그렇지 않았다. 그래서] 지금
다시 주진하여 개서해 주시도록 여러 번 요구했다. 그러나 동래부사
는 승인하지 않았다. 결코 주진할 수 없다고 그렇게 [강하게 거절당
했다. 그렇다면 [이쪽은] 어떻게 할 수 없어 [어쩔 수 없이] 관외로 일
본인을 내보낸 것이다. 혹시라도 [이 일이] 도성에도 전해진다면 [어
쩌면] 문책이 있을 것이다. 그때가 되면 이쪽의

心底可申達与存我々致差図差出候兼而存候通都より御咎有之候故幸ニ
存先頃委細申達候都江も能被聞召通候哉御書簡茂御書改可被差下与御
座候段珎重存候初より東莱御合点被成御注進候得者ヶ様之首尾ニ者不
罷成候江戸表江御礼之書簡及延引候而者貴国之御為ニ茂不罷成事候

心底を申し伝えようと、そのように思い、我々は差図をして[侍ども
を東平の辺りへ]差し出したのである。兼ねてから承知している通
り、都から御咎めが有ったので、これ幸いに、先頃[この件に関する]
委細を[そちらに]申し伝える事にした。都へも、この通りの事が能く
伝わったのではなかろうか。そして御書簡も御書き改めになり、そ
れを差し下さるとの事で[こちらは]結構な事と思っている。初めから
東莱府使が御合点に成られ、御注進なさって下されば、このような
事件は起こらなかったであろう。江戸表へ御礼の書簡が、長引いて
は、貴国の為にも成らぬ事である。

속마음을 전하려고, 그렇게 생각하고 우리들은 지시하여 [사무라이들
을 동평 근처에] 내보낸 것이다. 이전부터 생각하고 있던 대로 도성
에서 질책이 있어, 이를 기회 삼아 조금 전에 [이 건에 관한] 상세한
일을 [그쪽에] 전달하기로 했다. 도성에도 이 같은 일이 잘 전달되지
않았을까. 그리고 서간도 개서하여 그것을 하사해 주신다 하니 [이쪽
은] 잘 된 일이라고 생각하고 있다. 처음부터 동래부사가 납득하여
주진해 주셨다면, 이 같은 사건은 일어나지 않았을 것이다. 에도로의
사례 서간이 지체되면 귀국을 위해서도 좋지 않은 일이다.

間一日も早々御書簡被差下候様可被仰登候一特送使とつへき二参候儀
何角与被仰聞候事子細を無御聞届候者左様二も可被思召候館外江日本
人下々斗差出候而者若不行規喧嘩口論も仕出候而者双方之為二不罷成
候為行規差出候を還而科之様二被仰聞候者相違之事御座候僉官之

それゆえ一日も早く御書簡を差し下される様[朝廷に、さらに]御申し
入れをして頂きたい。一特送使が東平に参った事を、何やかや[苦情
として]申されるが、事の子細に付いて御聞き届けが無かったので、
そのようになったのである。その事をお考え下さるべきである。館
外へ日本人の下々ばかりを[自由に]送り出し、もし不行規があり喧嘩
や口論になっても、双方の為に宜しく無い。そこで規律を正して送
り出したのである。それを、かえって科の様にお話し下さるのは[も
とより]筋違いと言うものである。[特送使という特別な御役目で派遣
された]僉官に対し、

그래서 하루라도 빨리 서간을 내려보내 주시도록 [조정에 다시] 요구
해 주셨으면 한다. 특일송사가 동평에 간 일을 이것저것 [불만으로]
말씀하시는데, 일의 상세한 내용을 들어주지 않았기 때문에 그렇게
된 것이다. 그 일을 생각해주셔야 한다. 관외로 일본인 아랫것들을
[자유롭게] 내보내, 만일 규칙을 어겨 싸움이나 말다툼이 벌어져도 쌍
방을 위해 좋지 않다. 그래서 규율을 바로잡아 내보낸 것이다. 그것을
오히려 잘못인 것처럼 말씀하시는 것은 [처음부터] 사리에 어긋난 이
야기이다. [특송사라는 특별한 역할로 파견된] 첨관에 대해

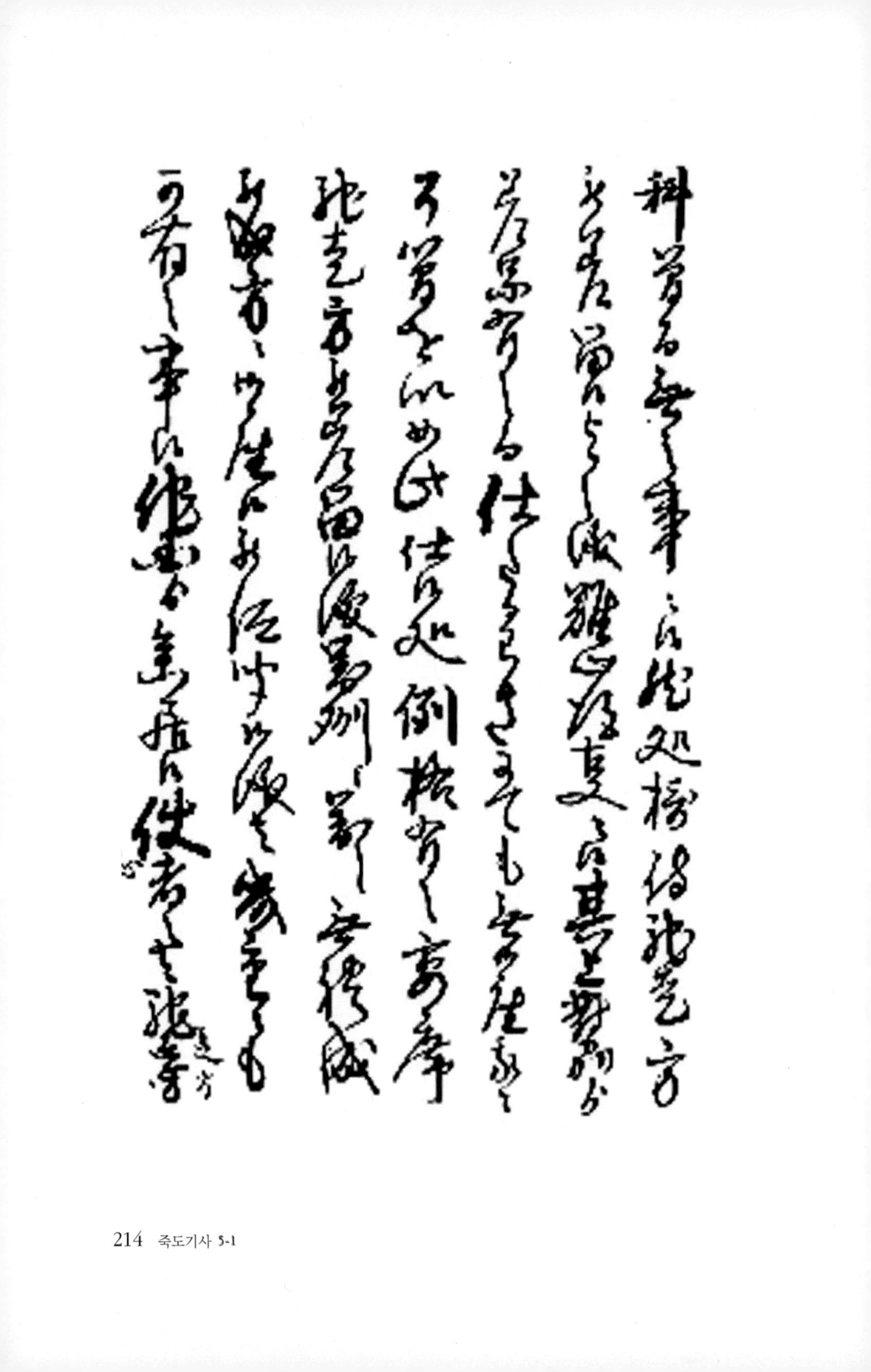

科曾而無之事ニ候然処接待馳走方被差留候与之儀難心得事ニ候其上対
州より差図有之而仕たるわさにても無御座我々了簡を以如此仕候処
例格有之宴席馳走方被差留候儀対州ニ対し無礼成被成方ニ御座候被仰
聞候儀者幾重ニ茂可有之事候他国より参居候使者之者馳走方

科と言うのは、一般的には無い事になっている。そのような処に、
接待の馳走方が[馳走を]差し留めると言う事は、心得難い事である。
其の上、対州から差図が有って、このように仕ったという手段では
無く、我々[出先]の考えで[折衝の手段として]このように仕ったとい
う事である。そのような[出先に於ける臨機応変の]例は、これまで無
かったと言うわけではない。それに対し、宴席馳走方が[両国通商の
慣例を破壊するような事、すなわち馳走]差し留めを行うと言うよう
な事は、対州に対し無礼な成され方である。[この件に関し]お話し下
さるような事は[幾らでも有り、また]幾重にもお聞きするつもりであ
る。だが他国から参った使者の者が、馳走方から

잘못이라고 말하는 것은 일반적으로는 없는 일이다. 그러한 상황에서
접대의 치주 측이 [치주를] 정지한다는 것은 이해할 수 없는 일이다.
게다가 타이슈우의 지시를 받아 이처럼 했다는 절차가 아니라, 우리
들 [파견된 자들의] 판단으로 [절충 수단으로] 이렇게 했다는 것이다.
그렇게 [출장소에서 임기응변한] 예는 지금까지 없었던 것은 아니다.
그에 대해 연석 치주 측이 [양국 통상의 관례를 파괴하는 일, 즉 치주
의] 정지를 행하는 일은 타이슈우에 대해 무례한 행동이다. [이 건에
관해] 말씀해주실 일은 [얼마든지 있고, 또] 몇 번이고 들을 생각이다.
그러나 타국에서 온 사자가 치주 측으로부터

被成間敷与之儀朝廷之御心ニヶ様之儀可被仰入与ハ不存候定而下々御
斗ひニ而被仰聞候与存候今度日本人館外江差出候儀小事之儀を何角与
被仰聞候貴国之人大キ成堺を越日本因幡国江罷越候此段刑部大輔殿よ
り被申分も可有之事候得共数年之好ミ与申後々迄も不相替被申通事ニ
候へハ了簡を以

[馳走は]罷り成らぬと[そのように扱われる]事は、朝廷の御心から来
た事では無い筈である。[朝廷が]そのように御命じに成られるとは
[到底]思えない。おそらく下々にての計らいで、そのように言い出し
ているのであろう。今度、日本人が館外へ出て行った事は[取り上げ
る事も無い程の]小事である。そのような事を何かと[問題にして、そ
ちらは]言い出してくる。[それに比べ]貴国の人が[国家の境となる]大
きな境域を越え、日本の因幡国へ罷り越して来た事は[まさに大事で
あろう。そのような事を少しも問題にしない。]この[因幡への渡航
の]事に付いては、刑部大輔殿から[そちらに]申し入れるべき筋も
[多々]有った筈である。だが、これまで長年の友誼交流があり、また
後々迄も相変わらず[友誼交流を望むと、そのように刑部大輔殿は]申
されているので、その通りの事に取り計らい、

[치주는] 안 된다고 [그렇게 취급되는] 일은 조정의 생각에서 이루어
진 일은 아닐 것이다. [조정이] 그렇게 명령했다고는 [도저히] 생각할
수 없다. 아마도 아랫사람들의 판단으로 그렇게 말했을 것이다. 이번
에 일본인이 관외로 외출한 일은 [언급할 필요도 없을 정도로] 사소
한 일이다. 그러한 일을 [문제 삼아 그쪽은] 말해 온다. [그것에 비해]

귀국인이 [국가의 경계가 되는] 큰 경역을 넘어 일본의 이나바노쿠니로 넘어온 일은 [그야말로 큰일이다. 그러한 일은 조금도 문제 삼지 않는다.] 이 [이나바에 도항한] 일에 대해서는 교우부 타이후 님이 [그쪽에] 요구해야 하는 일도 [많이] 있었을 것이다. 그러나 지금까지 오랫동안 우의 교류가 있었고 또 후일까지도 변함없이 [우의 교류를 원한다고, 그렇게 교우부 타이후 님은] 말씀하고 계시기 때문에 그렇게 처리하여

無別条為被申渡事与推量仕候ヶ様之大破成儀さへ誠信を被立結構ニ被
致候処軽キとつへき行之事共を被仰聞候者貴国之御誤を御失念候哉
御思案被成可被仰聞事与存候間東莱より能々御注進可被成旨申遣ス

別条無い申し渡しをなさったと[我々は]推量している。このように
[これまでの友誼交流が]大破するような事でさえも、誠信の心を以て
[刑部大輔殿は]結構に尽くされた。そのような処に、軽微な東平へ
行った事などを持ち出し[こちらに理不尽な]申し入れをするなど[果
たして如何なものであろうか。これでは]貴国の御誤りを全く御失念
していると言う事ではないか。[そのような事を]よくよく御思案に
成って[その上で改めてこちらに]お話し下さるべきであろう。そのよ
うに思うので、東莱府使から[この事を]能く能く[朝廷に]御注進にな
さって頂きたい。このような趣旨を申し遣わした。

별일 없이 전언하셨다고 [우리들은] 추측하고 있다. 이렇게 [지금까지
의 우의 교류가] 파탄 날 수 있는 일까지도 성신의 마음으로 [교우부
타이후 님은] 노력하셨다. 그런데 별일 아닌 동평에 간 일 등을 문제
삼아 [이쪽에 불합리한] 요구를 하는 등 [도대체 어찌 된 일일까. 이
렇게 되면] 귀국의 잘못을 모두 잊고 있는 것은 아닌가. [그 같은 일
을] 잘 생각하고 [그 후 다시 이쪽에] 말씀해 주셔야 할 것이다. 그렇
게 생각하기 때문에 동래부사가 [이 일을] 잘 생각해서 [조정에] 주진
해 주셨으면 한다. 이러한 취지를 전했다.

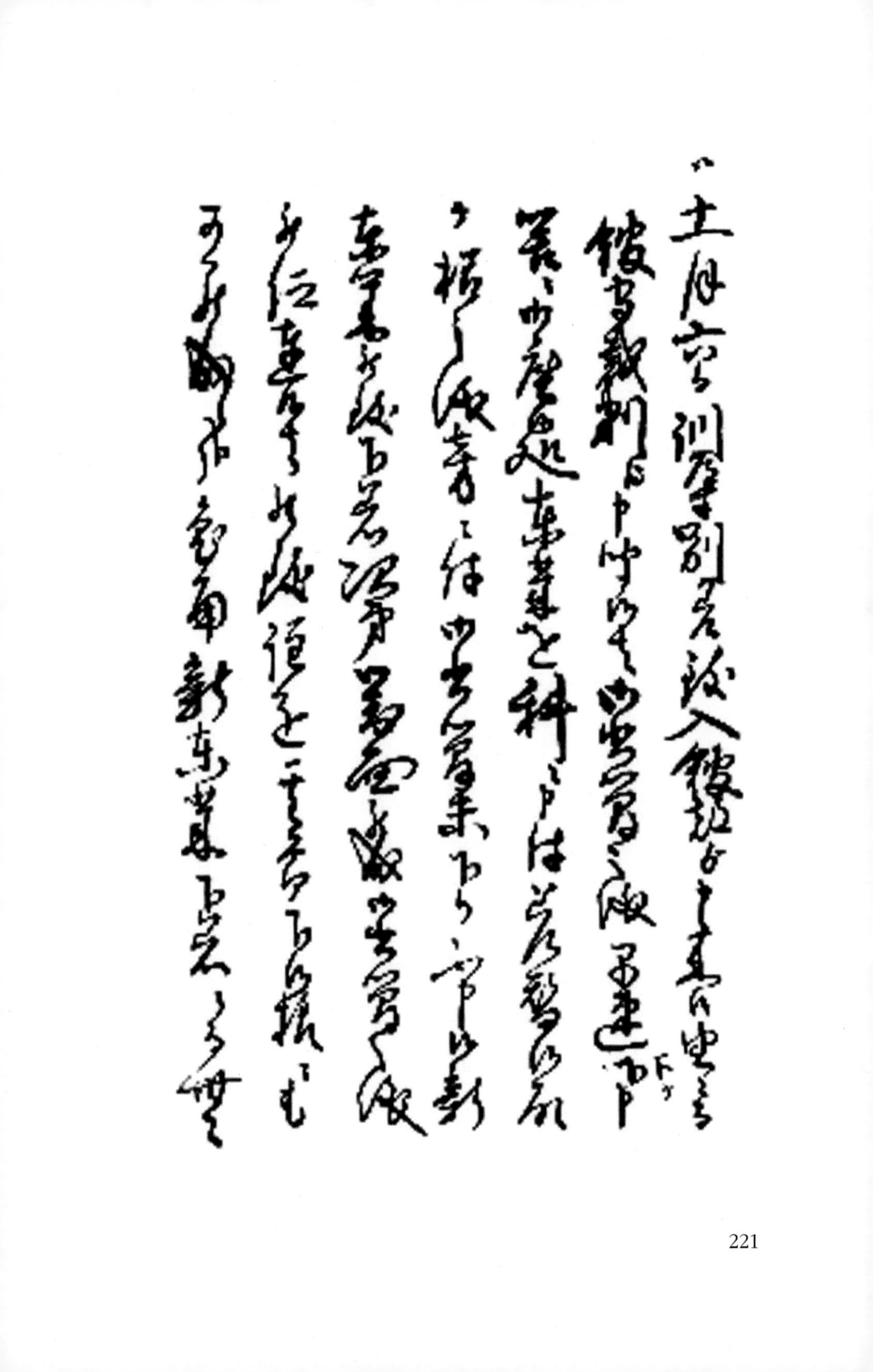

(50-07)

〃十一月六日訓導別差致入館都より申来候由ニ而館守裁判江申聞候
者御書簡之儀早速下申筈ニ御座候処東莱を科ニ申付差替候故ヶ様
之儀旁ニ付御書簡未下り不申候新東莱被致下着次第対面被成御書
簡之儀被仰達候者被致注進其節下候様ニも可罷成候哉兎角新東莱
下着ニ而無

(50-07)

〃十一月六日、訓導と別差が[和館に]入館し、都から[連絡が]来た
と伝えて来た。館守および裁判へ申し伝えた事は、御書簡の事
は、まもなく下って来る筈であるが、そのような処に[今の]東莱
府使を科に申し付け、差し替えると言う事になった(註8)。このよ
うな事で、あれこれと[混乱が]あり、御書簡は未だ差し下ってい
ないとの事であった。それゆえ新東莱府使が下着したら、直ぐ
に対面していただき、御書簡の事を[今一度、この新東莱府使に]
伝えるべきである。すると[新東莱府使は]その事を承け[直ちに
都へ]注進致し、その結果[御書簡は]下って来る筈である。兎も
角も、新東莱府使が下着しなくては、

(50-07)

〃11월 6일, 훈도와 별차가 [왜관]에 입관하여 도성에서 [연락이]
왔다고 전해 왔다. 관수와 재판에게 전한 것은 서간의 일은 곧
내려올 것이나, 그런 상황에서 [현] 동래부사를 문책해 교체하게
되었다. 이 같은 일로 이것저것 [혼란이] 있어 서간은 아직 내려

오지 않았다는 것이다. 그래서 신동래부사가 내려오면 바로 대면해 서간의 일을 [다시 한 번, 신동래부사에게] 전해야 한다. 그러면 [신동래부사는] 그 일을 듣고 [바로 도성에] 주진해, 그 결과 [서간은] 내려올 것이다. 어쨌든 신동래부사가 내려오지 않으면

御座候者事済中間敷与存候由申候ニ付館守より朴僉知ニ申聞候者御書
簡之下府相延段々相違之儀を申候東莱差替候共御書簡差下候ニつかへ
可申儀者有之間敷与差詰しかり扨東莱差替候儀如何様之事ニ候哉与相
尋候処朴僉知申候者前以各より段々被仰聞候儀共東莱より念比ニ被致
注進御書簡之儀者朝廷方も能被聞届候得共裁判之馳走方一特送使之

事は進展しないと、そのように申して来た。そこで館守から、この
朴僉知に申し伝えた事は、御書簡が東莱府に下って来るのが延引と
なった[理由について]色々と[そちらとこちらで]相違のある事を言っ
て来る。東莱府使を差し替えようと[差し替えまいと]御書簡が差し下
される事に[なんら]支障など有る筈は無い。[延引の本当の理由は、
こちらの意向を朝廷に正しく伝えていないからではないかと]このよ
うに差し詰め[彼らの伝達の不首尾を]叱った。その上で、さて東莱府
使を差し替えるとは、どのような理由からなのかと尋ねた処、朴僉
知が申す事には、以前から、各々方様から色々とお話しを、お聞か
せ頂いており[その旨を]東莱府使から[都へ]懇ろに注進を致されてお
りました。この御書簡の事は、朝廷方もよくお聞き届け下さってお
りました。しかし[日本人の東平行きが勃発し]裁判への馳走方[の役
割]、一特送使の

일은 진전되지 않는다고 그렇게 전해 왔다. 그래서 관수가 박 첨지에
게 전한 것은 서간이 동래에 내려오는 것이 연기된 [이유에 대해] 여
러모로 [그쪽과 이쪽에서] 다른 말을 하고 있다. 동래부사가 교체되든
[교체되지 않든] 서간을 내려보내는 일에는 [아무런] 지장이 있을 리

없다. [연기된 진짜 이유는 이쪽 의향을 조정에 바르게 전하지 않았기 때문이 아닌가 라고] 이렇게 일단 [그들의 충분하지 못한 전달을] 질타했다. 그 후 동래부사를 교대하는 것은 어떤 이유에서인지 질문하자 박 첨지가 말하길, 이전부터 여러 사람으로부터 여러 이야기를 듣고 있어 [그 취지를] 동래부사가 [도성에] 정중히 주진하고 있었습니다. 이 서간의 일은 조정 측도 충분히 납득해 주시고 있었습니다. 그러나 [일본인의 동평행이 발발하여] 재판에 대한 치주의 [역할], 특 일송사의

宴席馳走之儀被差留候段及延引候者又々六ヶ敷首尾も出来仕候而者
如何ニ存候間弥不相替被仰付候様ニ与再三注進有之候此儀朝廷方江差
図かましき儀を申越候日本人ニ恐候而ヶ様之儀を申越候与之腹立ニ而
東莱被差替候如此之首尾有之存之外御書簡之下り相延候旨申候ニ付館
守朴僉知ニ申渡候者右ニ下居候御書簡相渡候得此御書簡ニ而日本公儀
向相済申儀ニ而無之候得共改下り候

宴席[設営と、その僉官への]馳走の事など、これら[全て]が差し止められ、また延引と言う事に成ってしまいました。すなわち、又々難しい首尾に罷り成って来ました。この事を、どのようにお考えになられるのか、いよいよ[事態は深刻であり、これまでの慣習を]替えず[これまで通り、差し止めの無い]御指示を下さるようにと、再三に亘り[都へ]注進を致しました。しかし、この事が朝廷方の[逆鱗に触れたのでございましょう。]差図がましい事を上申した。日本人を恐れ、このような事を申し入れて来ると[朝廷方は]お腹立ちになられ[その結果]東莱府使は差し替えられる事になりました。このような経緯がございましたので、思いの外、御書簡の下るのが延引しているのでございますと、そのような事を申して来た。そこで、それに付いて、館守が朴僉知に申し渡した事は[以下のような事である。すなわち]右の如く差し下す事になっている御書簡を[先ずは、こちらに早々に]お渡し頂きたい。この御書簡によって、日本の公儀に向けて[これで一切が]済むと言う事は無いが[こちらの要望通り改まっていれば、以後、円滑に進展する。だが、そちらから]改り下って来た

연석[설치와 그 첨관에 대한] 치주의 일 등, 이 [전부가] 중지되고 또 연기되고 말았습니다. 즉 더욱 어려운 일이 되었습니다. 이 일을 어떻게 생각하시는지 점점 [사태는 심각해지고, 지금까지의 관습을] 바꾸지 않고 [현행대로 중지되는 일이 없도록] 지시해 주실 것을 여러 번 [도성에] 주진했습니다. 그러나 이 일이 조정 측의 [진노를 산 것이겠지요.] 지시하는 듯한 상신을 했다. 일본인을 두려워해서 이 같은 요구를 청해 온다고 [조정 측은] 분노하시고 [그 결과] 동래부사는 교체되게 되었습니다. 그러한 경위가 있었기 때문에 생각 외로 서간이 내려오는 것이 늦어지고 있는 것입니다, 그러한 일을 전해 왔다. 그래서 그에 대해 관수가 박 첨지에게 전한 말은 [이하와 같은 것이다. 즉] 위와 같이 내려보내게 되어 있는 서간을 [우선 이쪽에 서둘러] 보내 주셨으면 한다. 이 서간으로 일본의 장군에게 [이것으로 모든 것이] 끝난 것은 아니지만 [이쪽이 요구한 대로 수정되어 있으면, 이후로는 원만하게 진전된다. 그러나 그쪽에서] 수정되어 내려온

御書簡何角ニ付差つかへ埒明不申左様候而者江戸表之御案内延々ニ罷
成候間先悪敷書簡ニ而も請取八右衛門致帰国委細申上候ハ、重而以使
者被仰達候歟如何様共可被仰付候由判事へも申聞候処判事申候者東
莱儀科を被申付都より連ニ参候を

御書簡は[常に]何かと差しつかえがあり、埒の明かないものであっ
た。[今回の御書簡も、もし]そのようであれば、江戸表への御報告は
延々に罷り成るので、先[のような]悪敷き書簡であっても[取り敢え
ず]受け取り[報告のため]八右衛門は帰国をする。この委細を[国元へ]
申し上げれば、再び使者を以て[貴国へ]申し入れが有る事にもなろ
う。[その場合]どのような話し合いになっていくか[皆目、見当も付か
ない。]そのような事を判事へ申し伝えた。すると判事が申すには、
東莱府使は[今や]科を申し付けられているので[その業務を行う事を、
一切停止して居られる。やがて]都からの連行がある筈で、それを

서간은 [항상] 무엇인가 문제가 있어 해결되지 않는 것이었다. [이번
서간도 만일] 그와 같다면 에도에 보고하는 일이 계속 지연되므로,
전[의 것처럼] 나쁜 서간이라고 해도 [일단] 수취해서 [보고를 위해]
하치에몬은 귀국한다. 이 자세한 일을 [국원에] 보고하면, 다시 사자
를 보내 [귀국에] 요청하는 일도 있을 것이다. [그 경우] 어떤 논의가
이루어질지 [전혀 예상할 수 없다.] 그 같은 일을 판사에게 전했다. 그
러자 판사가 말하기를 동래부사는 [현재는] 처벌을 명받았기 때문에
[그 업무를 행하는 일은 일절 정지하고 계신다. 곧] 도성에서 연행해
갈 것이므로 그것을

相待被居候故諸事役方之儀構不被申注進とても難成其上以前之書簡
悪敷所御座候ニ付書直候様被仰聞候故毎度注進被仕置候然処差図を不
請以前之書簡相渡候儀難成事之由申聞ル

[今]お待ちに成って居られる[という状態である]。それゆえ諸事役方
の事に付いては、もう関与はなさらない。注進など[もとより]出来な
いことである。その上、以前の書簡には悪敷き所があると言う事
で、書き直すよう[対州から]御要望があり、それゆえ毎度[その御要
望を都に]注進なさっておられた。だがそのような事なので[もはや注
進はできないし、都から新たに]差図を受けるような事も無い。以前
の書簡を[お望みのように改変し]お渡しする事は[この東莱府使で
は、もう]出来なくなってしまった。そのように申して来た。

[지금] 기다리고 있는 [상태이다.] 그러므로 모든 일에 대해 이미 관
여하시지 않는다. 주진 등 [전혀] 할 수 없는 일이다. 게다가 이전 서
간에는 나쁜 곳이 있어 수정하도록 [타이슈우로부터] 요구가 있어, 때
문에 매번 [그 요망을 도성에] 주진하고 계셨다. 그러나 이 같은 상황
에서 [더 이상 주진은 할 수 없고, 도성에서 새로] 지시를 받는 일도
없다. 이전의 서간을 [원하시는 대로 수정하여] 전하는 일은 [동래부
사는 이미] 할 수 없게 되고 말았다. 그렇게 전해 왔다.

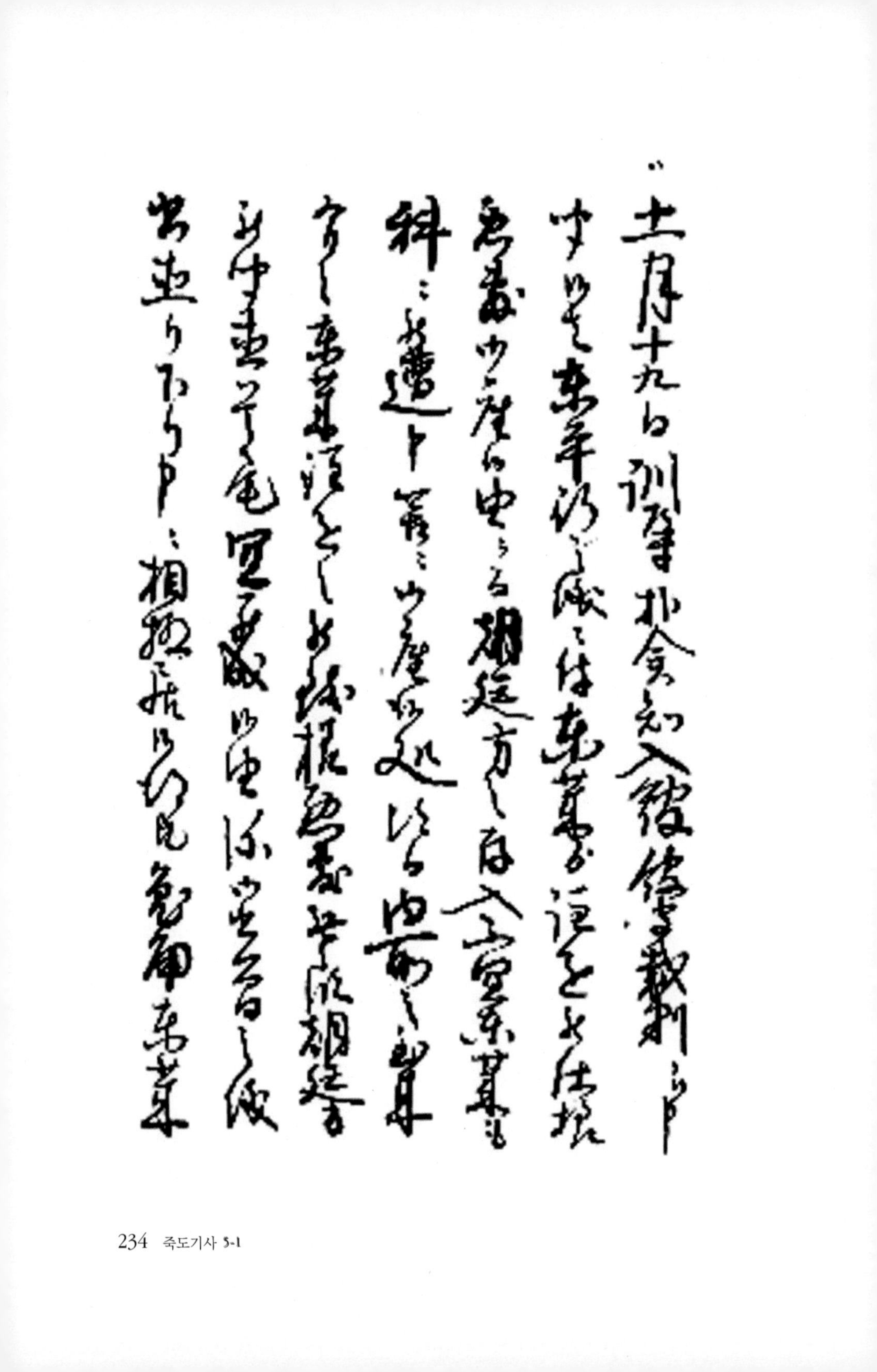

(50-08)

〃十一月十九日訓導朴僉知入館館守裁判江申聞候者東平行之儀ニ付
東莱より注進被仕様悪敷御座候由ニ而朝廷方之存入不宜東莱も科
ニ被遭申筈ニ御座候処頃日内所之到来有之東莱注進之被致様悪敷
無之段朝廷方被聞直首尾宜罷成候由弥御書簡之儀書直り下り申ニ
相極居候得共兎角東莱

(50-08)

〃十一月十九日、訓導の朴僉知が入館して来た。館守および裁判
へ申し伝えた事は、東平への通行の事であった。その件を東莱
府使は[都へ]注進なさったが、その対応が悪いと[叱責を受け
た。]朝廷方の御考え[すなわち東莱府使の業務遂行能力への評価
は、必ずしも]宜しくはなかった。それゆえ東莱府使も科に遭う
筈であった。だがそのような処に、近頃、内々の情報が到来
し、東莱府使の注進のなされ方は[決して]悪くは無かったと、そ
の事に朝廷方は気付き[再度の]お聞き直しをなされた。[その結
果、東莱府使は科に遭う事は無くなり]首尾宜しく罷り成った。
そのような事で、いよいよ御書簡が書き直り、罷り下って来る
事が決定した。しかし兎も角も東莱

(50-08)

〃11월 19일, 훈도 박 첨지가 입관했다. 관수와 재판에게 전한 것
은 동평에 통행한 일이었다. 그 건을 동래부사는 [도성에] 주진
했지만 그 대응이 좋지 않았다고 [질책받았다.] 조정 측의 생각

[즉 동래부사의 업무수행능력에 대한 평가는 그렇게] 좋지 않았다. 때문에 동래부사도 처벌받을 예정이었다. 그런 상황에서 근래 은밀한 정보가 도착해, 동래부사의 주진 방법은 [결코] 나쁘지 않았다는 그 사실을 조정 측은 깨닫고 [다시] 청해 들으셨다. [그 결과, 동래부사는 처벌받을 일이 없어지고] 잘 처리되었다. 그래서 서간이 수정되어 내려오기로 결정되었다. 그러나 어쨌든 동래

交代被仕新東莱被罷下其上ニ而注進有之御書簡下り申ニ而可有御座由
申候付館守返答朴僉知ニ申聞東莱江申遣候者東平行ニ付此方江之御意恨
東莱被致注進様悪敷与之儀者内所之事候竹嶋之御書簡之儀者両国大
切成儀其上朝鮮国ニ御望之通ニ罷成今度御礼之書簡一ツにて事相済候
儀を東莱之注進被仕様悪敷抔与有之内所之事ニなされ

府使は交代になり[替わって]新東莱府使が下って来られる。その後、
その上で注進が有り、御書簡が下って来るという段取りになる。そ
のように申して来たので、館守が返答し、朴僉知に申し伝え東莱府
使へ申し遣わした事は[次のような事である。すなわち]東平への通行
に付いては、こちらへの御遺恨があるのであろう。[それゆえ、その
ように都に伝え]東莱が[都から]注進のなさり様が悪いとなったので
あろう。そのような事は[所詮、朝鮮の]内々の事である。[だが、そ
れに対し]竹嶋の御書簡の事は[日本と朝鮮]両国にとって大切な事で
ある。その上[この首尾は]朝鮮国の御望みの通りに[今回]相成った。
今度[朝鮮からの]御礼の書簡一つで、この全てが済む所であった。そ
れを東莱府使の注進のなさり方が悪いなどと有って、内々の事など
を理由に、

부사는 교대되어 [교체된] 신동래부사가 내려오신다. 그 후, 주진하여
서간이 내려오는 순서가 된다. 그렇게 전해 왔기 때문에 관수가 답변
하여 박 첨지를 통해 동래부사에게 전한 것은 [다음과 같은 일이다.
즉] 동평에 통행한 것에 대해서는 이쪽에 유감이 있을 것이다. [때문
에 그렇게 도성에 전해] 동래가 [도성으로부터] 주진 방법이 좋지 않

다는 이야기를 들었을 것이다. 그러한 일은 [어차피 조선] 내부의 일이다. [그러나 그에 비해] 죽도서간의 일은 [일본과 조선] 양국의 중요한 일이다. 게다가 [이 결과는] 조선국이 원하는 대로 [이번에] 성사되었다. 이번에 [조선이 보내는] 사례 서간 하나로, 이 모든 일이 해결될 예정이었다. 그것을 동래부사의 주진 방법이 좋지 않다는 내부의 일 등을 이유로

両国大切之所を延々ニ被致候儀還而貴国之為ニ不罷成事候東莱之儀科
を被請追付交代被成由ニ而此間注進被成儀難成由被仰聞候故新東莱下
着相待居候得共是以下着延々罷成候内所之乍御到来都之首尾冝罷成
候由左様候ハ、御書簡被差下儀延々ニ罷成大君江之御礼相延候而者貴
国之御為ニも不罷成殊更刑部大輔殿渡海之訳官を以被申渡候儀

この両国の大切の所を延引なされた。この事はかえって貴国の為に
は成らぬ事である。東莱府使の事については、科を受けず、追っ付
け交代に成られる由であるが、その間、注進は成り難いとの事を、
お聞かせ頂いた。[やむを得ないので]新東莱府使が下着まで待つつも
りであるが、このような事で、またまた[新東莱府使の]下着が延引に
罷り成るのではないか。内々の話しの御到来があり、都の首尾は宜
しく成っているとの事であるが、もしそうであれば、御書簡を差し
下される事は[容易な筈である。それが、なおも]延引し[我らが]大君
への御礼が延びるようでは、貴国の為に成らない。殊に刑部大輔殿
が渡海の訳官を以て[貴国へ]申し伝えたのは、

이 양국의 중요한 일을 연기하셨다. 이 일은 오히려 귀국을 위해 좋
지 않은 일이다. 동래부사의 일에 대해서는 처벌받지 않고 바로 교대
되었으나, 그동안 주진은 성립되기 어렵다는 일을 전해 들었다. [어쩔
수 없어] 신동래부사가 도착할 때까지 기다릴 생각이지만, 이 같은
일로 또 [신동래부사의] 도착이 연기되는 것은 아닌가. 은밀하게 들리
는 이야기가 있어 도성의 상황이 좋아졌다고 하는데, 만일 그렇다면
서간을 내려보내는 일은 [용이할 것이다. 그런데 아직도] 지연되어

[우리들이] 대군에게 감사인사가 늦어지면 귀국을 위해 좋지 않다. 특히 교우부 타이후 님이 도해 역관을 통해 [귀국에게] 전한 일은

去々年之事ニ御座候然処当年之内ニ御礼之儀不相済至ニ来春一ハ三ヶ年
ニ及不首尾千万刑部大輔殿迷惑被存候右之趣今一応早以飛脚御注進被
成御書簡早々被差下候様可被成由朴僉知江申含東莱江申遣ス

去年の事であった。そのような処に、今年の内に御礼が済まず来春
になるようでは[この間]三箇年にも及んでしまう。[まさに遅延状態
も甚だしく]不首尾千万な事である。それゆえ刑部大輔殿は[大変]迷
惑に思っておられる。右の趣旨を今一度、早々に飛脚を以て[都へ]御
注進に成られ、御書簡を早々に差し下される様に成さるべきであ
る。このような事を朴僉知に申し含め、東莱府使へ申し遣わした。

작년의 일이었다. 그런데 금년 안에 사례가 끝나지 않고 내년 봄이
되면 [그 기간이] 3년에 이르고 만다. [그야말로 지연상태가 너무 심
해] 상황이 매우 좋지 않다. 그래서 교우부 타이후 님은 [매우] 곤란
하게 생각하고 계시다. 위의 취지를 지금 다시 서둘러 비각을 통해
[도성에] 주진하여, 서간이 조속히 내려올 수 있도록 하셔야 한다. 그
같은 일을 박 첨지에게 말해 동래부사에게 전하게 했다.

(50-09)

〃同廿三日館守裁判方江訓導別差召寄申渡候者新東莱下着相待候而
者御書簡之下り弥延引仕候代りを被請候迄者用事無御聞届候而
不叶事候其上今度之御書簡之儀者東武江差上申御書簡ニ候得者各
別之事ニ御座候内所之事抔ニつかへ不被差下候儀不誠信成被成形
ニ御座候此方より御催促不申共貴国より御礼之御書簡被認

(50-09)

〃同二十三日、館守および裁判方へ訓導と別差とを召し寄せ、申
し渡した事がある。すなわち、新東莱府使の下着を待っていて
は、御書簡の下る事が、いよいよ延引に及ぶ。交代となって[新
東莱府使が着任し、業務を円滑に]引き受けられる迄は、用事を
御聞き届けするような事は無いと言う。だがそのような[時期ま
で待つ事は、こちらでは]我慢できない事である。其の上、今度
の御書簡の事は、東武へ差し上げ申す御書簡であるので、各別
の事である。[朝鮮の側の]内々の事などで差し支え[書簡の到来
が遅延し]差し下されないのは不誠信な成され方である。こちら
から催促をしなくても、貴国から御礼の御書簡をしたため、

(50-09)

〃동 23일, 관수와 재판 쪽에 훈도와 별차를 불러들여 전한 말이
있다. 즉 신동래부사의 도착을 기다리고 있어서는 서간이 내려
오는 일이 자꾸 지연된다. 교대된 [신동래부사가 착임하여 업무
를 원활히] 인수할 때까지는 용건을 수락하는 일은 없다고 한다.

그러나 그러한 [시기까지 기다리는 일은 이쪽으로서는] 견딜 수 없는 일이다. 게다가 이번 서간의 일은 동무에게 상신해야 하는 서간이기 때문에 특별한 것이다. [조선 측] 내부의 일 등으로 지장이 생겨 [서간의 도래가 지연되어] 내려오지 않는 것은 불성신한 일이다. 이쪽에서 재촉하지 않아도 귀국에서 사례 서간을 작성하여

早々不被差下候而不叶事候然処只今迄相延候儀非法成御心入与存候
御書簡被留置貴国之御為ニ冝儀共御座候哉合点不参事ニ御座候御礼之
儀及延引候而者至ニ後々ニ茂貴国之御為ニ不罷成事与存候委細朴僉知ゟ
申含候間御聞届急度御注進候而御書簡早々下候様可被成之由申遣ス

早々にお渡し下さるのが当然の事である。そのような処に、只今ま
で延引に及んだ事は、非法な取り計らいだと思っている。御書簡を
留め置かれる事は、貴国の為には[果たして]宜しい事であろうか。
[こちらでは全く]合点の参らぬ事である。御礼の事が[これ以上]延引
に及んでは、後々に至る迄、貴国の御為には成らぬ事と思う。その
ような委細を朴僉知へ申し含めた。[このような事を東莱府使は]お聞
き届けになり、必ず[都へ]御注進になり、御書簡が早々に罷り下る
様、なさって頂きたい。そのような旨を[あちらに]申し遣わした。

조속히 건네주시는 것이 당연한 일이다. 그런데 지금까지 지연된 것은
잘못된 처리라고 생각한다. 서간을 보류하는 일은 귀국을 위해 [과연]
좋은 일일까. [이쪽으로서는 전혀] 이해가 되지 않는 일이다. 감사인사
가 [이 이상] 지체되어서는 훗날에 이르러서도 귀국을 위해 좋지 않다
고 생각한다. 그러한 상세한 내용을 박 첨지에게 전했다. [이런 일을
동래부사는] 들으시고 반드시 [도성에] 주진하여, 서간이 조속히 내려
올 수 있도록 해주었으면 한다. 그 같은 내용을 [저쪽에] 전했다.

(50-10)

〃同廿五日東莱より訓導別差を以右返答申来候ハ竹嶋御書簡之儀ニ
付被仰聞候通具承届候未交代不仕候故今一応注進仕御書簡早々
被差下候様申登候返答参次第可申達之由申来ル

(50-10)

〃同二十五日、東莱府使から訓導と別差とを以て、右の[申し出に
対する]返答を申して来た。すなわち、竹嶋の御書簡の事に付い
ては、お聞かせ頂きました通りを[こちらは]具に承りました。未
だ[新東莱府使と業務の引継ぎ、および]交代をしていないので、
今一応[私から都へ]注進を致します。御書簡が早々に差し下され
る様[朝廷へ]申し上げました。返答が参り次第、申し伝える事に
致しますと、そのように申して来た。

(50-10)

〃동 25일, 동래부사가 훈도와 별차를 보내 위의 [요구에 대한] 답
변을 전해 왔다. 즉 죽도서간의 일에 대해서는 말씀해 주신 대로
[이쪽은] 자세히 들었습니다. 아직 [신동래부사와 업무인계 및]
교대를 하지 않았기 때문에, 지금 일단 [내가 도성에] 주진하겠
습니다. 서간이 조속히 내려올 수 있도록 [조정에] 말씀드렸습니
다. 답변이 내려오는 대로 전하겠습니다, 그렇게 전해 왔다.

(50-11)

〃御国家老中より十一月十六日館守裁判江遣し候書状之略左ニ記之

(50-11)

〃御国の家老中から、十一月十六日付けで、館守および裁判へ遣わした書状がある。その略を左に記す。

(50-11)

〃나라의 가로들이 11월 16일부로 관수와 재판에게 보낸 서장이 있다. 그 개략을 아래에 기록한다.

〃惣左衛門口上ニ被申含候風説之趣も承届候東平江参候儀ニ付裁判
仕形快不被存候故此裁判江者書簡相渡申間敷哉之由沙汰有之候間
裁判儀御引取被成候而他人をも可被差渡哉之由承届候八右衛門
御引取被成候而外ニ裁判被差渡候様ニ有之候而者弥延引ニ可罷成
候間八右衛門

[御国の家老からの書状]

〃惣左衛門の口上に申し含められた風説の趣旨を承った。東平へ
参った事に付いて、裁判が関わった事を[あちらは]快く思っておら
れないと言う事であった。それゆえ、この裁判[が居る限り]書簡を
渡すわけにはいかないと[あちらは]言っているという。そのような
知らせが[こちらに]有った。そこで裁判を[こちらに]引き取り、別
な他人を差し渡すように成されたいと、そのような事を承った。
だが八右衛門を引き取り、外の者を裁判として差し渡す様に成っ
ては、いよいよ延引に罷り成るのではなかろうか。八右衛門を

[나라(쓰시마)의 가로가 보낸 서장]

〃소우자에몬이 구상으로 전한 풍설의 취지를 들었다. 동평에 간 일
에 대해 재판이 관여한 일을 [저쪽은] 좋게 생각하고 있지 않다는
것이었다. 그래서 이 재판[이 있는 한] 서간을 보낼 수 없다고 [저
쪽은] 말하고 있다 한다. 그 같은 연락이 [이쪽에] 있었다. 그래서
재판을 [이쪽으로] 불러들이고 다른 사람을 보내주셨으면 좋겠다
는 그러한 말을 들었다. 그러나 하치에몬을 불러들이고 다른 자를
재판으로 보내게 되면 더욱 지연되는 것은 아닌가. 하치에몬을

請取帰国可被仕候右差図悪敷とて御引取被成候様ニ有之候而者此節之
御用ニ者首尾好儀も可有之候得共以来迄之御つかへニ可罷成与存候尤
前以彼方より被咎候了簡之存寄ニ而差図為被仕事ニ候間幾度も其通可
被答候彼方之咎ニ合候而屈シ候様ニ有之而者以来共ニ障ニ可罷成候

[こちらに]受け取り、帰国させるような右の差図は[外交交渉の上か
らは拙劣で]悪い事であろう。そのように御引き取りに成る様な事が
有っては、この今の御用には首尾良い事で有っても、将来に亘って
は[悪しき前例となり、おそらく]支障と成るような事があると思う。
尤も[この事は]前以て、あちらから咎め立てしようとする思い付きで
あり、そのような差図を[こちらが]下すよう[あちらの]意図がある。
それゆえ幾度でも其の通りに[否と]お答えなさるべきである。あちら
の咎め立てに[こちらが]合わせ[あちらに]屈した様になっては、将来
共に障りに成る事であろう。

[이쪽으로] 불러들여 귀국시키는 위 같은 지시는 [외교교섭상으로는
졸렬하고] 좋지 않은 일일 것이다. 그렇게 불러들이게 되면 이번 일
은 잘 마무리된다고 해도, 장래에는 [나쁜 전례가 되어 어쩌면] 지장
이 되는 일이 있을 것이라고 생각한다. 원래 [이 일은] 이미 저쪽에서
크게 책망하려는 생각이 있어, 그러한 지시를 [이쪽이] 내리도록 하려
는 [저쪽의] 의도가 있다. 그러므로 몇 번이고 그대로 [안 된다고] 답
하셔야 한다. 저쪽의 책망에 [이쪽이] 호응하여 [저쪽에] 굽힌 것처럼
되면 장래에도 지장이 있을 것이다.

註 1、歳遣船の一つで兼帯の制により、二特送使、三特送使、彦
　　　三(宗義成の幼名すなわち児名)送使などを兼ねる。彦三送
　　　使は義真の代になれば彦満(宗義真の幼名)送使に名称変更
　　　となる。

주 1. 세견선의 하나로 겸대제에 따라 이특송사, 삼특송사, 히코조
　　　우(소우 요시나리의 유명, 즉 아명)송사 등을 겸한다. 히코조
　　　우송사는 요시자네 시대에는 히코미치(소우 요시자네의 유
　　　명)송사로 명칭이 변경된다.

註 2、交渉膠着に対し、対馬の側が放った打開策である。制限区
　　　域の外に出て、示威行動を行った。その向かった先が東平
　　　という土地である。これは釜山浦から東莱府へ向かう道筋
　　　にあり、釜山川(水営江)の川沿いの右岸にある。すなわち
　　　川を挟んでの東莱府の対岸である。このまま交渉が膠着と
　　　なれば、さらに川を越え東莱府に向かうつもり、その城内
　　　に討ち入るつもりと、そのような姿勢を示したのである。
　　　この示威行動は、朝鮮に取って脅威であった。かつて三浦
　　　の乱(一五一〇)では、倭人抑圧政策に異を唱え、その変更
　　　を迫り、恒居倭人(朝鮮居留日本人)が一斉に蜂起した。そ
　　　して薺浦や釜山浦の僉使営を攻め落とし、薺浦僉使の金世
　　　鈞を捕虜にし、釜山僉使の李友曾を殺した。倭軍は薺浦か
　　　ら進んで熊川城を囲み、また釜山浦から進み東莱城に迫っ
　　　た。そのような暴発は一旦、押さえ込まれたものの、この

倭乱は以後もくすぶり続け、結局、壬辰丁酉倭乱(一五九二〜一五九八)へと繋がった。その悪夢のような出来事が、ここで想起されたからである。

주 2. 교섭이 교착된 것에 대해 쓰시마 측이 내놓은 타개책이다. 제한구역 밖으로 나가 시위행동을 했다. 그 행렬이 향한 곳이 동평이라는 곳이다. 이곳은 부산포에서 동래부로 향하는 길목에 있어 부산천(수영강) 강변의 오른편에 있다. 즉 강을 사이에 두고 동래부의 대안에 있다. 이대로 교섭이 교착되면 다시 강을 건너 동래부로 갈 계획, 그 성내에 난입할 계획이라는 그러한 자세를 보인 것이다. 이 시위행동은 조선에 대한 위협이었다. 과거 삼포의 난(1510)에서는 왜인의 억압정책에 이의를 제기하고 그 변경을 요구하며, 항거왜인(조선 거류 일본인)이 일제히 봉기했다. 그리고 제포와 부산포의 첨사영을 공략해 제포첨사 김세균을 포획하고 부산첨사 이우증을 살해했다. 왜군은 제포에서 출발해 웅천성을 포위하고, 또 부산포에서 출발해 동래성을 공격했다. 그러한 폭동은 일단 진압되었으나 이 왜란은 이후에도 불씨를 남겨, 결국 임진정유왜란(1592~1598)으로 이어졌다. 이 악몽과 같은 사건이 여기서 상기되었기 때문이다.

[図、東莱釜山浦地図］（海東諸国記）

註3、対馬の側の示威行動に対し、武臣たる釜山僉使が放った対
　　　抗策である。通過する日本の武士集団に対し、これを迎え
　　　打つ、阻止するという姿勢を示した。これは極めて重要な
　　　行動で、武に対しては武の備えがあると、日本側に具体的
　　　に呈示したのである。もしも和館から武闘集団が出発し、
　　　東莱府へ押し寄せれば、その後方にある釜山僉使営が、そ
　　　の退路を断つという手段に出る。つまり日本軍は壊滅とい
　　　う展開になる。その事を、ここで明確に示した。

주 3. 쓰시마 측의 시위행동에 대해 무신인 부산첨사가 내놓은 대
　　　항책이다. 통과하는 일본무사 집단에 대해 이를 공격해 저지
　　　한다는 자세를 보였다. 이것은 매우 중요한 행동으로 무에
　　　대해서는 무로 대항한다고, 일본 측에 구체적으로 정시한 것
　　　이다. 만일 왜관에서 무력집단이 출발해 동래부로 침입해 오
　　　면, 그 후방에 있는 부산첨사영이 그 퇴로를 차단하는 방법
　　　을 택한다. 즉 일본군은 괴멸이라는 전개가 된다. 그 사실을
　　　여기서 명확히 제시했다.

註4、釜山の地頭すなわち釜山僉使からの申し入れにより、捕ま
　　　えた三人の朝鮮人を釈放した。何の関係もない朝鮮人を、
　　　このまま捕虜にし続けていれば、事を起こした和館の側
　　　に、その責任の追求が及ぶ。そのような事を、この釜山僉
　　　使は述べたものと思われる。言葉は慇懃ながら、武臣とし
　　　ての気概が、その行動から汲み取れる。

주 4. 부산의 지휘자인 부산첨사의 요구대로 포획한 3인의 조선인
을 석방했다. 아무런 관계도 없는 조선인을 이대로 계속 포
획하고 있으면, 일을 일으킨 왜관 측에 그 책임추구가 따른
다. 그 같은 일을 부산첨사가 언급한 것으로 생각된다. 말은
정중하지만 무신으로서의 기개가 그 행동에서 느껴진다.

註5、兼帯の制とは寛永十二年(一六三五)に、年例送使の簡素化、
使者接待の費用の節約から、朝鮮側の申し出によって実施
された制度。一つの渡航船に他の送使船の書契や別幅を帯
同させ応接宴などもまとめて行うようにしたもの。己酉約
条においては二十回の年例送使も、ここでは八送使に整理
された。すなわち①歳遣第一船、②歳遣第二船、③歳遣第
三船、④歳遣第四船(歳遣第四船と共に、歳遣第五船から歳
遣第十七船までも兼ねる)、⑤一特送使船(一特送使船と共
に、二特送使船、三特送使船、彦三特送使船を兼ねる)、⑥
副特送使船、⑦以酊庵送使船、⑧万松院送使船である。こ
の集約した船に使者の書契を一括して持参させ、朝鮮側に
渡した。この進上品に対する回賜品は、兼帯される使者の
分も含め、木綿や米で決済が行われた。だが決済はしばし
ば未収のまま延期された。ここに記されたように、この未
収は積もり積もって一万六千俵にも上るようになってい
た。この兼帯の制の導入、すなわち朝貢貿易(進上と回賜)や
公貿易の制限により、対馬は私貿易の拡大へと動いていった。

주 5. 겸대제란 칸에이 12(1635)년에 연례송사의 간소화, 사자접대
의 비용 절약을 위해 조선 측 요구에 의해 실시된 제도. 하나
의 도항선에 다른 특송선의 서계와 별폭을 대동시켜 접대연
등도 함께 열게 한 것. 기유약조에서는 20회의 연례송사도
이곳에서는 8송사로 정리되었다. 즉 ① 세견제1선, ② 세견제
2선, ③ 세견제3선, ④ 세견제4선(세견제4선과 함께 세견제5
선부터 세견제17선까지도 겸한다), ⑤ 1특송사선(1특송사선
과 함께 2특송사선, 3특송사선, 히코조우특송사선을 겸한다),
⑥ 부특송사선, ⑦ 이테이안송사선, ⑧ 반쇼우인송사선이다.
이렇게 집약된 선박에 사자의 서계를 일괄 지참하게 하여 조
선 측에 건넸다. 이 진상품에 대한 답례품은 겸대한 사자의
몫도 포함해 목면이나 쌀로 결재되었다. 그러나 결재는 가끔
미수인 채 연기되었다. 여기에 기록된 대로, 이 미수는 누적
되어 1만 6천 표에 달하게 되었다. 이 겸대제의 도입 즉 조공
무역(진상과 회사)과 공무역의 제한으로 쓰시마는 사무역 확
대를 꾀하고 있었다.

註6、この東平行を指揮したのは裁判の高勢八右衛門であるが、
それを了解し承認したのは和館の責任者(館守)である唐坊
新五郎である。だが、そもそもを言えば、この示威行動つ
まり武威発動は、藩主後見の宗義真の意向である。それゆ
え高勢八右衛門に、その責任を負わせることはできない。
これは対馬が放った、朝鮮に対する膠着打開の、まさに秘
策だったからである。この東莱府に攻め入る姿勢を示した

事で、ついに事態は動いた。これ以上、突っぱねていて
は、本格的な紛争に突入する。そのような理解が朝鮮の朝
廷にも生まれた。

주 6. 이 동평행을 지휘한 것은 재판 타카세 하치에몬이지만 그것
을 승낙하고 승인한 것은 왜관의 책임자(관수) 토우보우 신
고로우이다. 그러나 그 시초를 말하자면, 이 시위행동 즉 무
위 발동은 번주 후견인 소우 요시자네의 의향이다. 때문에
타카세 하치에몬에게 그 책임을 지울 수는 없다. 이것은 쓰
시마가 꾀한 조선에 대한 교착 타개를 위한 그야말로 비책이
었던 것이다. 동래부를 침공한다는 태도를 취함으로써 결국
사태는 움직였다. 이 이상 버티면 본격적인 분쟁에 돌입한다.
그 같은 이해가 조선조정에도 생겼다.

註7、癸亥約条(一六八三)による取り決めである。和館移転の年
(一六七八)には五箇条の「朝市約条」が結ばれた。その第一
条には「倭人出入不可不厳定界限、而旧館則以佐自川為限」
とあり、旧館(豆毛浦和館)北境、すなわち佐自川を越えて
はならないとするものであった。これが癸亥約条となれば「
際木之外江曾而罷出間敷候、於相背者、可行罪科事」と和館
の周囲に際木(標木)を立て、ここを越えてはならないとし
た。この禁標定界の外へ蘭出した者は一罪(死刑)に処す
と、厳しい罰則が科せられていた。

주 7. 계해약조(1683)에 의한 결정이다. 왜관 이전의 해(1678)에는 5
개 조의 '아침시장조약'이 체결되었다. 그 제1조에는 "왜인의
출입이 불가능한 경계를 엄정한다. 구관 즉 좌자천을 한계로
한다"라고 되어 있어, 구관(모두포왜관) 북경 즉 좌자천을 넘
으면 안 된다는 것이었다. 이것이 계해약조가 되면 "표목 밖
으로 나가지 않는다. 이를 어긴 자는 죄를 과한다"와 같이 왜
관 주위에 표목을 세워 이곳을 넘으면 안 되는 것으로 했다.
이 '금표정계'의 밖으로 난출하는 자는 1죄(사형)에 처한다는,
엄한 벌칙이 부과되어 있었다.

註8、対日交渉の拙さから東莱府使の交替ということになった。
今の東莱府使は李世載で、丙子年(粛宗二二年、元禄九年)
十一月の着任である。替わって新たな東莱府使となるのは
朴権で、その着任は己卯年(粛宗二五年、元禄十二年)正月
十一日のことである。

주 8. 대일교섭에 능하지 못해 동래부사가 교체되게 되었다. 현 동
래부사는 이세재로, 병자년(숙종 22년, 겐로쿠 9년) 11월에
착임했다. 교체된 신동래부사는 박권으로, 그의 착임은 기묘
년(숙종 25년, 겐로쿠 12년) 정월 11일이었다.

○戌 元祿十一年二月勤番衆御使之趣

别岛之以鑄[illegible]

正月十九日之段委[illegible]承大意

[illegible]揭得[illegible]竹[illegible][illegible]

[illegible]

【大綱五一段（元禄十一年正月）】

(51-00)

○ 戊寅元禄十一年正月新東莱府使下府之処訓別を以館守江致対面
度与之事ニ付正月十九日送使宴享之席館守儀太庁江罷出東莱江接
待いたし竹嶋謝書之儀申談也

【大綱五一段（元禄十一年正月）】

(51-00)

○ 戊寅の年、元禄十一年の正月、新東莱府使が東莱府に下って来
た。そして訓導と別差を以て、館守に対面致したいと、そのよ
うな申し入れをして来た。それゆえ、正月十九日、送使宴享の
席で、館守が大庁へ罷り出て、この新東莱府使と接待会談し、
竹嶋謝書の件について相談する事になった。

【대강 51단(겐로쿠 11년 정월)】

(51-00)

○ 무인년, 겐로쿠 11년 정월에 신동래부사가 동래부로 내려왔다.
그리고 훈도와 별차를 보내 관수와 대면하고 싶다는 그러한 요
구를 해왔다. 그래서 정월 19일에 송사연향의 자리에서 관수가

대청으로 나가, 이 신동래부사와 접대회담하고 죽도사서 건에
대해 상담하게 되었다.

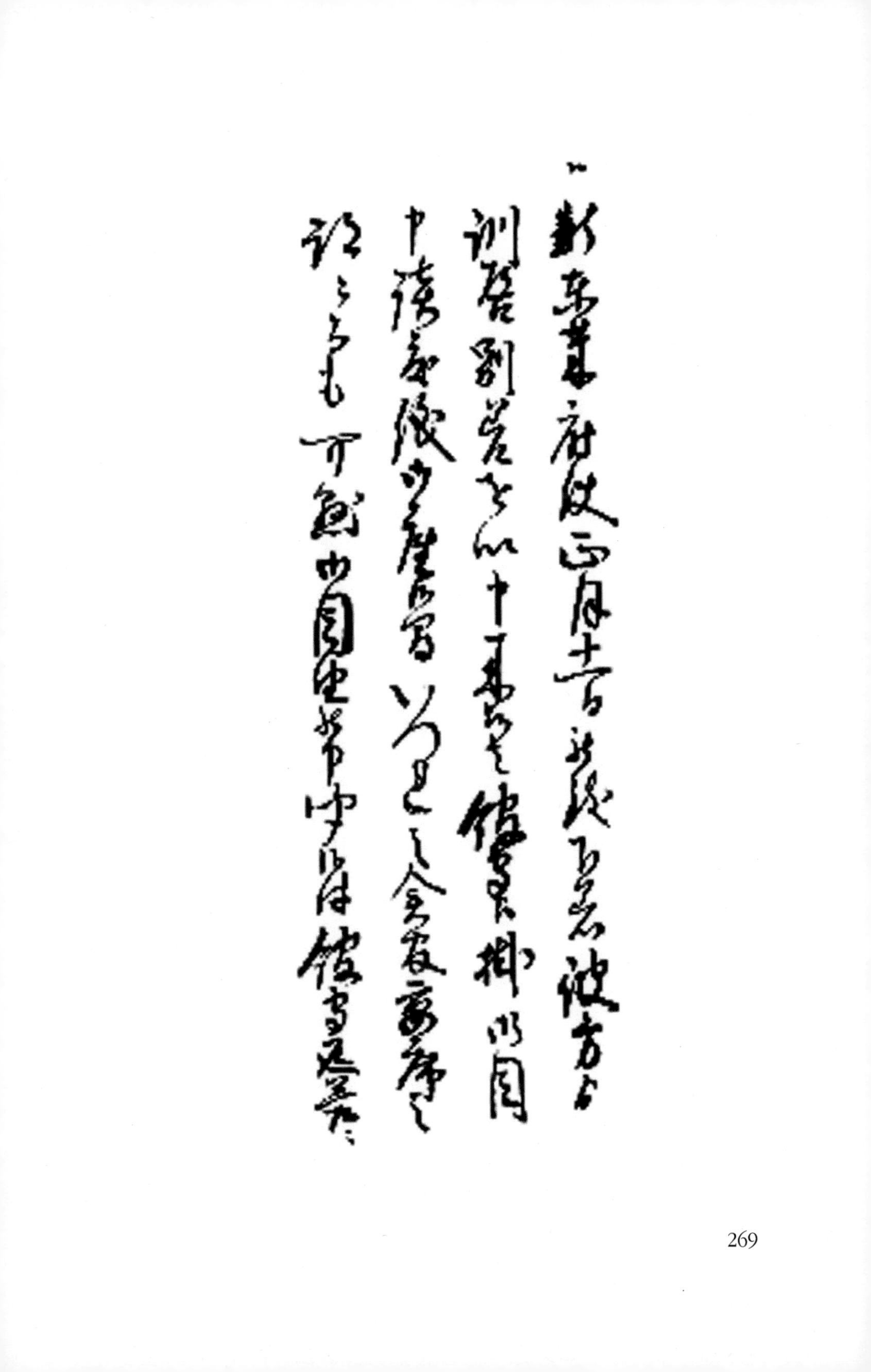

(51-01)

〃新東莱府使正月十一日被致下着彼方より訓導別差を以申来候者
館守江掛御目申談度儀御座候間いつれ之僉官宴席之跡ニ而も可懸
御目由被申聞候付館守返答ニ

(51-01)

〃新東莱府使は正月十一日に下着した。あちらから訓導と別差を
以て申し入れて来た事は、館守へ御目に掛かり御相談したい事
がある。いずれの僉官の宴席でも構わない。その宴席の後にで
も[直接]御目に掛かりたい。そのように申して来た。そこで館守
が返答した事は、

(51-01)

〃신동래부사는 정월 11일에 내려왔다. 저쪽에서 훈도와 별차를
보내 요구해 온 일은, 관수를 뵙고 상담하고 싶은 일이 있다. 어
떤 첨관의 연석이라도 상관없다. 그 연석 후에라도 [직접] 뵙고
싶다. 그렇게 말해 왔다. 그래서 관수가 답변한 것은

申入候者新東莱下着を相待居候館守裁判両人共ニ罷出可申談之由申候
処朴僉知申候ハ尤裁判御出被成候者対面致間敷与ハ被申間敷候得共
裁判御出被成候ハ、内々之御意恨之通被仰達双方論談之様ニ罷成注進
之道も入組可申候哉先此度之御接待ハ館守御壱人

新東莱府使の下着を御待ち致していた。館守ならびに裁判、この両
人が共に会談に罷り出て[具に]相談を致したい。そのような事を申し
た処、朴僉知が申した事は、そうではあるが、裁判が御出に成られ
る様な事では[新東莱府使は]対面できない。そのように[明白には]申
されていないが、裁判が御出に成られては[混乱を招く。裁判に対し
ては朝鮮の側に]内々の御遺恨があり、その通りを[ありのままに]伝
える事になる。そうなると双方からの[激しい]論争に発展し、注進の
道も入り組む事になる。[あるいは絶えてしまうかもしれない。]先
ず、この度の接待会談は、館守御一人が

신동래부사의 도착을 기다리고 있었다. 관수와 재판 두 사람이 함께
회담에 참석해 [구체적으로] 상담하고 싶다. 그 같은 말을 하자 박 첨
지가 말하길, 그렇기는 하지만 재판이 오시게 되면 [신동래부사는] 대
면할 수 없다. 그렇게 [명백하게는] 말하지 않았지만 재판이 나오시면
[혼란이 생긴다. 재판에 대해서는 조선 측에서] 그간의 유감이 있어
그것을 [그대로] 전하게 된다. 그렇게 되면 쌍방이 [격한] 논쟁을 벌
이게 되어 주진의 일도 복잡해진다. [어쩌면 단절되고 말지도 모른
다.] 우선 이번 접대회담은 관수 혼자

御出東萊ⱻ御相談之様ニ被仰達候者東萊より都ⱻ之注進も恰合冝申参
御書簡之下り方も埒明可申様ニ存候由申候ニ付正月十九日副特送使宴
席跡ニ館守壱人罷出東萊ⱻ接待仕双方申談

御出になり、新東萊府使へ御相談の様にしてお伝えいただきたい。
そうすれば、新東萊府使から都への注進も、ぴったりと宜しく運
び、御書簡の下る事も[あらかた]片付くようになると思う。そのよう
に申すので、正月十九日、副特送使の宴席の後、館守一人が罷り出
て、新東萊府使と接待会談の機会を持ち、この双方で[具に]論談する
ことになった。

참석하셔서, 신동래부사에게 상담하는 것으로 전해 주셨으면 한다.
그렇게 하면 신동래부사가 도성에 주진하는 일도 잘 진행되어, 서간
이 내려오는 일도 [거의] 해결될 것이라고 생각한다. 그렇게 말씀하셨
기 때문에 정월 19일 부특송사의 연석 후, 관수 혼자 참석하여 신동
래부사와 접대회담의 기회를 갖고 쌍방이 [자세히] 논의하게 되었다.

正月十九日　微雪大寒

诵读　趋庭之诲

(51-02)

〃正月十九日館守太庁ニ罷出東莱ニ対面論談之趣左ニ記之

(51-02)

〃正月十九日、館守が大庁へ罷り出て、新東莱府使と対面した。
そこでの論談の趣旨を左に記す。

(51-02)

〃정월 19일, 관수가 대청에 나와 신동래부사와 대면했다. 그곳에
서 논의한 취지를 아래에 기록한다.

館守口上

〃古東莱之時より折々申達候竹嶋御礼之御書簡之儀早々御渡被下
候様ニ与申入候得共于今不被差越候定而館外㇬日本人差出候故此
儀ニ付被差留置候与存候今度之御書簡之内ニ奉行之文字与御座候
儀終ニ無例事候対州之奉行与朝廷方与

館守の口上

〃古東莱府使の時から、折々に申し伝えていた事であるが、竹嶋
に付いての御礼の御書簡の事である。[この御書簡を]早々に御渡
し下さる様にと申し入れをしていた。だが今に至るまで[なお
もって]御渡しが無い。おそらく館外へ日本人が罷り出たので、
それゆえ、この事で[御書簡の御渡しが]差し留められたのであろ
う。そのように思っている。今度の御書簡の内には、奉行の文
字と記されている箇所がある。これは、これまでに例の無い記
載である。対州の奉行と[朝鮮の]朝廷方と[の間で]

[관수의 구상]

〃구 동래부사의 시절부터 가끔 전하고 있던 일이지만 죽도에 대한
사례 서간의 일이다. [이 서간을] 빨리 전해주실 것을 요구하고 있
었다. 그러나 지금에 이르기까지 [아직도] 건네주지 않는다. 아마
도 관외로 일본인이 외출했기 때문에 그 일로 [서간을 건네주는
일이] 보류되었을 것이다. 그렇게 생각하고 있다. 이번 서간 안에
는 봉행이라는 문자가 기록된 곳이 있다. 이것은 지금까지 예가
없었던 기재이다. 타이슈우의 봉행과 [조선의] 조정 측 [사이에서]

書通為被成儀無之事候依之此書東武^江差出候儀難成第一貴国之御為^二
も不宜事与存此所を御注進被成御除被下候様^二与古東莱^江申入候得共
決而注進難成由被仰切候故此事都^江可達便も無御座候付裁判東莱^江罷
越御相談可申入与存候得共其節も東莱御承引

書簡を通わせるような事は無い。このような事情であり、この[奉行
の文字とある]書を東武へ差し出す事は出来ない、これが第一[の理
由]である。貴国の為にも宜しく無い事と思い、この所を御注進に
成って御除き下さるよう、古東莱府使へも申し入れて置いた。だが
決して注進は出来ないと、そのように言い切られてしまった。この
事を都へ申し伝えようにも、そのすべは無く、裁判が[直接]東莱府へ
罷り越し、御相談を申し入れるべきと思った。だが、その折でも、
東莱府使が御承引

서간을 주고받는 일은 없다. 이 같은 사정이므로 이 [봉행이라는 문
자가 있는] 서간을 동무에게 제출할 수는 없다. 이것이 제1[의 이유]
이다. 귀국을 위해서도 좋지 않다고 생각하고, 이것을 주진해 삭제해
주시도록 구 동래부사에게도 요구해 두었다. 그러나 결코 주진할 수
없다고, 그렇게 거절당하고 말았다. 이 일을 도성에 전하고 싶어도 그
방법이 없어, 재판이 [직접] 동래부로 가서 상담을 요구해야 한다고
생각했다. 그러나 그때도 동래부가 납득

無之時ハ事六ヶ敷可罷成与存館守裁判致相談館外ⁱ日本人少々差出候
者都より之御咎ⁿも可預候其時ⁿ至御書簡之儀可申達与存不得止事差
出候少も貴国を為押付心入ⁿも無御座候奉行之文字と御座候所ハ朝廷
方も被聞召分尤ⁿ被思召此程ⁿ至御除可被下之由ⁿ候然者朝廷方右之
御心入ⁿ候得者弥古東莱ⁱ申入候節御注進候者出入無之相済事を中ⁿ而

なさらなければ、事は難しく成るばかりである。そこで館守と裁判
とで相談を致し、館外へ日本人を少々送り出せば、都から御咎めも
あるであろう。其の時に合わせ、御書簡の事を申し上げればと判断
した。そして止むを得ない事として[日本人を館外へ]送り出した。
[この事で]貴国を押さえ付けようとする考えなど[こちらには]少しも
無い。奉行の文字と御書き載せなさった所を、朝廷方に於いても御
聞き届け頂き[対州の申す]分を尤もに思って、この度、御除き下さる
べきである。もしも朝廷方が右のような御考えであったなら、いよ
いよ古東莱府使へ申し入れた節、その御注進があれば[このような]出
入りは無くて済んだ事である。そのような中を

하시지 않으면 일은 어려워지기만 한다. 그래서 관수와 재판이 상담
하여, 관외로 일본인을 조금 내보내면 도성에서 문책이 있을 것이다.
그때를 기회 삼아 서간의 일을 요청하면 어떨까라고 판단했다. 그래
서 어쩔 수 없이 [일본인을 관외로] 내보냈다. [이 일로] 귀국을 억압
하려는 생각은 [이쪽에는] 조금도 없다. 봉행이라는 문자를 기재하신
곳을 조정 측에서 듣고 [타이슈우가 말하는] 주장도 일리가 있다고
생각하고 이번에 삭제해 주셔야 한다. 만일 조정 측이 위 같은 생각

이라면 이전에 구 동래부사에게 요청했을 때 그런 주진이 성사되었
다면 [이 같은] 난출은 없었을 것이다. 그 같은 상황에서

難成与被仰切候故ヶ様之首尾出来仕候右之様体此方より申達候通不
残真直ニ御注進被成候得者古東莱之御誤ニ相極候故透与此方之仕形悪
敷様ニ御注進有之候故㱀都より申参候由ニ而御書簡被差下候共此裁判
江者御渡被成間敷之由被仰聞候左様ニ仕候而者弥及延引殊ニ裁判儀役
与申其上貴国より御馳走を請申儀ニ候得者非法成儀を仕心入ニ而無

[古東莱府使は]出来ない事であると[強く]言い切ってしまったので、
このような出来事が起こってしまった。右の事情を[よく御承知にな
られ]こちらから申し伝えた通りを、残らず真直ぐに[都へ]御注進に
成っていれば[このような出来事は生じなかった。さらに]古東莱府使
は[事態が生じてしまった後、それを対州の]御誤りとして決定してし
まったので[さらに紛糾した。すなわち、日本人が館外へ]抜け通った
と、こちらの仕形が悪い様に[都へ]御注進なさった。そのためか[今
回]都から申し参った事は、御書簡を差し下そうとしても、こちらの
裁判が居る限り、御渡しには成られ無いと、そのようにお聞きを致
した。もしそうであれば[この一件は]いよいよ延引に及んでしまう。
こちらの裁判役と言うのは殊に重要な役柄で、其の上、貴国からは
接待され馳走を受けると言う[重い]立場にある。それゆえ[そちらか
ら]理不尽な扱いを受ける

[구 동래부사는] 할 수 없는 일이라고 [강하게] 거절하였기 때문에 이
같은 사건이 일어나고 말았다. 위의 사정을 [잘 이해하고] 이쪽에서
요구한 대로, 빠짐없이 그대로 [도성에] 주진해 주셨으면 [이 같은 사
건은 발생하지 않았다. 또] 구 동래부사는 [사태가 발생한 후, 그것을

타이슈우의] 잘못이라고 결정해 버렸기 때문에 [더욱 분규했다. 즉 일본인이 관외로] 난출했다고, 이쪽 행동이 나쁜 것처럼 [도성에] 주진하셨다. 그 때문인지 [이번에 도성에서 전해 온 것은 서간을 내려보내려고 해도 이쪽 재판이 있는 한은 건네주지 않겠다, 그렇게 들었다. 만일 그렇다면 [이 일건은] 더욱 지연되고 만다. 이쪽의 재판역이란 특히 중요한 역할로, 게다가 귀국의 접대를 받고 치주를 받는 [중요한] 입장이다. 때문에 [그쪽에서] 부당한 대우를 받을

御座候縦致非儀候共館守罷在候得ハ非法為仕可申候哉無誤裁判を差
戻シ余人江御書簡御渡可被成与御座候而者刑部大輔殿被承候而も心能
被存間敷候如此無誤段申達候而も御聞分無之候者可仕様無之候併此
御書翰延引仕候而者貴国之御為ニも不宜候早々被差渡

いわれはない。たとえ非儀を致しても[総責任者の]館守が在任してい
るので、その非法を取り締まり[こちらで]対処する事になっている。
まして誤りの無い裁判を[この度]差し戻し、余人へ御書簡を御渡しに
成られると言うような事があっては、刑部大輔殿が[直接]承らなくて
も[この伝えを聞いただけで]心よく思われないであろう。このように
[こちらに]誤りが無い事を申し伝えても、御聞き分けが無いとなれ
ば、もうどうしようも無い。併せて申し上げておくが、この御書簡
が延引となれば、貴国の為にも宜しくない。早々にお渡しになり

이유가 없다. 가령 비례를 범했다 해도 [총책임자인] 관수가 재임하고
있기 때문에, 그 비법을 단속하고 [이쪽에서] 대처하게 되어 있다. 하
물며 잘못이 없는 재판을 [이번에] 돌려보내고 다른 사람에게 서간을
건네는 일이 있어서는, 교우부 타이후 님이 [직접] 듣지 않아도 [이
소식을 들은 것만으로] 기분 좋게 생각하시지 않을 것이다. 이처럼
[이쪽에] 잘못이 없다는 것을 전해도, 납득하시지 못한다면 더 이상
어떻게 할 수가 없다. 함께 말씀드려 두겠는데, 이 서간이 지연되면
귀국을 위해 좋지 않다. 빨리 전해 주시어

東武江被差上竹嶋之一件可被相済事候左様候得ハ刑部大輔殿首尾も能
御座候御立腹斗ニ而裁判江御渡不被成候而者裁判一分も立不申候惣而
日本ニ而者使ニ参否之返事不承候得者不罷成法ニ而御座候此裁判無誤
子細者館内之行規ハ館守より仕候故裁判一人之存寄ニ而茂無之候

それを東武へ差し上げ、この竹嶋の一件を決着させてしまうべきで
ある。そうであれば刑部大輔殿にとっても、その首尾は良い。[そち
らが]御立腹するばかりで[御書簡を]裁判へ御渡しに成られなけれ
ば、裁判は[その職責の]面目が立たない。一般的に言えば、日本に於
いては使いに参れば[そこで必ず]諾否の返事を承らなければならな
い。そのような仕組みになっている。この裁判に誤りは無く、子細
を言えば、館内の行規を取り締まる館守に[その全責任が]ある。それ
ゆえ裁判一人の考えで成された事では無い[と知るべきである。]

그것을 동무에 상신해, 이 죽도일건을 결착시켜 버려야 한다. 그렇게
되면 교우부 타이후 님에게도 다행스러운 일이다. [그쪽이] 화만 내고
[서간을] 재판에 전해 주시지 않으면 재판은 [그 직책의] 면목이 서지
않는다. 일반적으로 말하자면, 일본에서는 사신으로 가면 [그곳에서]
가부의 답변을 받지 않으면 안 된다. 그 같은 구조로 되어 있다. 이
재판에게 잘못이 없고, 자세한 것을 말하자면 관내의 규율을 책임지
는 관수에게 [그 모든 책임이] 있다. 그렇기 때문에 재판 한 사람의
생각으로 이루어진 일이 아니다[라는 것을 알아야 한다.]

然所館外江日本人出候ニ付御書簡延々ニ被成候而者東武より御誠信を
以貴国之御為ニ茂冝道被仰越候上者先早々御書簡被差渡其後御嗔之儀
者拙者江可被仰聞事候其内幾重ニも御相談可申候

そうであるのに、館外へ日本人が罷り出たので[それを理由に]御書簡
が延々に成られると言うような事[を申し入れて来る。だが]それは東
武から御誠信を以て[誼を通わす]貴国の御為にも宜しい道[では無
い。]そのように[ご立腹を露わに]表明なさった上は、先ずは早々に
御書簡をお渡し頂きたい。その後に、そのような御怒りの事に付い
ては、拙者に[じっくりと]お話し下さればよい事である。その内、幾
重にも、これに付いては御相談を致そう。

그런데 관외로 일본인이 외출했기 때문에 [그를 이유로] 서간이 지연
된다는 일[을 말해 온다. 그러나] 그것은 동무가 성신으로 [우의를 전
하는] 귀국을 위해서도 좋은 방법[이 아니다.] 그렇게 [분노를 그대로]
표명한 이상, 우선 조속히 서간을 전해 주셨으면 한다. 그 후, 그 같은
분노에 대해서는 졸자에게 [천천히] 말씀해 주시면 될 일이다. 이후
얼마든지 이에 대해서는 논의합시다.

東莱返答

〃段々被仰聞候趣承届候朝廷方被存候者ヶ様之大切成儀を先頃渡
海之訳官帰国之節御口上を以被仰聞別而御書簡も不被差渡候間
此方より以書簡不及申入候得共刑部大輔殿御心入を感任仰書簡
を差下候処書面不冝与御座候而色々御望も在之書改候様被仰聞
候故任仰書改又々

東莱府使の返答

〃色々とお話し下さった趣旨について、こちらは承った。朝廷方
が[不満に]思っておられる事は、このような大切な事を、先頃渡
海の訳官が帰国の節、御口上だけで申し聞かされ、格別に御書
簡などによっては差し渡されなかった[事に、その原因がある。]
そのような御書簡の差し渡しが無かったので、こちらからも書
簡を以て申し入れる必要は無かった。だが刑部大輔殿の御心入
れに対し、感謝の気持ちがあり、それゆえに返事の書簡を差し
下す事になった。そのような処に、書面が宜しく無いとあり、
色々と[文面の]御要望があり、書き改める様にとの御申し出が
あった。それゆえその御申し出に沿い書き改め、又々

동래부사의 반답

〃여러모로 이야기해 주신 취지에 대해 잘 알았다. 조정 측이 [불
만으로] 생각하고 계신 일은 이처럼 중요한 일을 전에 도해한 역
관이 귀국할 때 구상만으로 말씀드리고, 특별한 서간 등은 전하
지 않은 [것에 그 원인이 있다.] 그 같은 서간을 전해 오지 않았

기 때문에 이쪽에서도 서간으로 전할 필요는 없었다. 그러나 교우부 타이후 님의 성의에 대해 감사하는 마음이 있어, 때문에 답변의 서간을 내리게 되었다. 그런데 서면이 좋지 않다며 여러 가지로 [문면에 대한] 요구가 있었고 개서해 달라는 요구가 있었다. 그래서 그 요구에 따라 개서해 다시

差下候其上ニも奉行之文字与有之所弥除候様被仰聞候得共此文字之儀
別而朝鮮江者障申事無之ニ付右辺不差除候然処此儀を可被仰達与有之
館外江日本人被差出候段両国之法を被犯候取分裁判儀者其職分ニ不当
儀を被仕候故朝廷方嗔り強く此咎被申入候得ハ人を被出候儀者御書
簡之儀大切ニ被存候故

差し下した。だが更に奉行の文字と有る所を、間違いなく取り除く
よう[そちらからの]御要望があった。しかし、この文字の事に付いて
は[書中に有ったからと言って]格別に朝鮮にとって支障のあるような
ものでは無い。[むしろ必要であったからこそ記し置いたまでであ
る。]それゆえ右のような理由で[この文字は]差し除かなかった。そ
のような処に、この[文字を取り除くよう、その]事を[なんとしても]
押し通そうと[そちらは]思い、館外へ日本人を送り出す事があった。
そのような事は両国の法を犯す行為である。とりわけ[その指令を直
接行った]裁判は、その[本来の]職分に該当しない事を行ったわけ
で、それゆえ朝廷方にとって、その御怒りは強く、この咎めを[受け
るよう、そちらに]申し入れを行った。すると[そちらからの返事は]
人を[使者として]送り出す事は、御書簡の[受け渡しの]事より大切に
思っている。それゆえ

내려 주었다. 그런데 다시 봉행이라는 문자가 있는 곳을 확실히 삭제
해 달라는 [그쪽의] 요망이 있었다. 그러나 이 문자에 대해서는 [서중
에 있다고 해서] 각별히 조선에 지장이 있는 것은 아니다. [오히려 필
요했기 때문에 기록해 두었을 뿐이다.] 그래서 위 같은 이유로 [이 문

자는] 삭제하지 않았다. 그런데 이 [문자를 삭제하도록, 그] 일을 [어떻게든] 통과시키려고 [그쪽은] 생각하고 관외로 일본인을 내보내는 일이 있었다. 그러한 일은 양국의 법을 어기는 행위이다. 어쨌든 [그 지령을 직접 내린] 재판은 그 [본래] 직분에 맞지 않는 일을 행한 것으로, 때문에 조정 측으로서는 그 분노가 강해 그 처벌을 [받도록 그쪽에] 요청했다. 그러자 [그쪽이 보낸 답변은] 사람을 [사자로] 보내는 일은 서간의 [왕래]보다 중요하게 생각하고 있다. 그래서

対御書翰人を出候与被仰候先年も館外江少々日本人罷出候を此方より
法ニ被訴候様ニ申入候得者其節も何角与被仰約条者御背不被成候与被
仰披候俉又此度者御書簡故ニ館外江日本人為被差出与御座候ヶ様御座
候而者重而も日本人際木を越候者其節ニ至而も又理を立被仰披

[今回、差し下されるべき]御書簡に対しても[それに応じた有能な]人
材を送り出したのであって[そのような人物を、ここで差し戻す事は
出来ない]と言う。先年も館外へ少々日本人が罷り出た事があった。
その折、こちらから[これは]法に[背く事であると]訴え、申し入れを
行った。だがその時も、何かと理由を付け、約条に背いていない
と、そのように開き直って[こちらに]言って来た。さて又、此の度は
御書簡[が遅延致し、なかなか下って来ないと言い]それゆえ館外へ日
本人を送り出したと言う。このような事では、何度でも日本人は[出
入りを禁ずる]際木を越し[区域外に出て]来る事であろう。どのよう
な場合であっても、又々理由を作り、開き直って

[이번에 내려보내는] 서간에 대해서도 [그에 상응하는 유능한] 인재
를 보낸 것으로 [그 같은 인물을 지금 돌려보내는 일은 할 수 없다]고
한다. 작년에도 관외로 약간의 일본인이 외출한 일이 있었다. 그때 이
쪽에서 [이는] 법에 [어긋나는 일이라고] 소송해 요청했었다. 그러나
[그때도 뭐라고 이유를 대며, 조약을 어기지 않았다고 그렇게 태연하
게 [이쪽에] 말해 왔다. 그런데 또 이번에는 서간[이 지연되어 좀처럼
내려오지 않는다고 하며] 그 때문에 관외로 일본인을 내보냈다고 한
다. 이 같은 일이라면 몇 번이고 일본인은 [출입을 금하는] 제목을 넘

어 [구역 외로 외출해] 올 것이다. 어떤 경우라고 해도 다시 핑계를
대며 적반하장으로

可申与存候左様御座候而者両国之法者立申間敷候先頃御書簡相延候
儀ハ此方より為相延儀も可有御座候此度五月六月相延候段者右之出
入ニ付相延候故此方ニ者為相延与存不申候御書簡之儀御急被成度被思
召候者余之御使者可被差渡儀御座候

[正当性を]申し出る事であろう。そのようであれば両国の法は[効力を
持たず、結局]立ち行かなくなってしまう。先頃、御書簡[の差し下し]
が延引になった事は、こちらから繰り延べた事では無い。この度、
五ヵ月、六ヵ月と延びていった事は、右の出入りがあったからで、そ
れに付随して延引になったのである。それゆえ、こちらには[意図的
に]引き延ばしをしたと言う自覚は無い。御書簡の事を[そちらが]御急
ぎに成られるのであれば[交渉担当を、この裁判では無く]他の者に命
じ[新たに]御使者として[こちらに]差し渡されるべきである。

[정당성을] 이야기할 것이다. 그렇게 되면 양국의 법은 [효력을 가지
지 못하여 결국] 필요없게 되고 만다. 이전에 서간[을 내려보내는 일
이] 지연된 것은 이쪽에서 반복해 생긴 일이 아니다. 이번에 5개월, 6
개월 지체된 것은 위의 출입이 있었기 때문으로 그로 인해 지체된 것
이다. 그러므로 이쪽에서는 [의도적으로] 지연시켰다는 자각이 없다.
서간의 일을 [그쪽이] 서두른다면 [교섭 담당을 이 재판이 아닌] 다른
사람에게 명해 [새로] 사신으로 삼아 [이쪽으로] 보내주셔야 한다.

館守口上

〃被仰聞候趣承届候第一ヶ様之両国大切成儀を刑部大輔殿口上を
以被申渡候故貴国より者不及書簡ニ与被思召候得共被対刑部大輔
殿御書簡被差渡候与之御事御尤存候私存候者此方より不申とて
も此書早々可被差渡物与存候子細者竹嶋之儀日本より数十年支
配有之候処刑部大輔殿

館守の口上

〃お話し下さった御趣旨に付いては承った。第一に、このように
両国にとって大切な事を、刑部大輔殿は口上を以て、申し渡し
をなさった。それゆえ貴国からの返答に、書簡は必要無いとお
考えになられた。だが刑部大輔殿に対し[謝意を伝えたいと]御書
簡を差し渡された事は、御尤もに思うところである。私が思う
には、こちらから申し上げずとも、このような謝書は早々に[こ
ちらに]差し渡されるべきものである。その子細に付いて言え
ば、竹嶋は、日本によって数十年に亘り支配を受けて来た島で
ある。そのような処を、刑部大輔殿は

관수의 구상

〃말씀해 주신 취지는 알았다. 제1로, 이렇게 양국에 중요한 일을
교우부 타이후 님은 구상으로 전하셨다. 때문에 귀국의 답변으
로 서간은 필요 없다고 생각하셨다. 그러나 교우부 타이후 님에
게 [사의를 전하고 싶어] 서간을 보내신 일은 당연하다고 생각하
는 바이다. 내가 생각하기에는 이쪽에서 말하지 않아도 이러한

사서는 조속히 [이쪽에] 보내주셨어야 한다. 그 자세한 일에 대
해 말하자면 죽도는 일본에 수십 년에 걸쳐 지배당해 온 섬이다.
그러한 곳을 교우부 타이부 님은

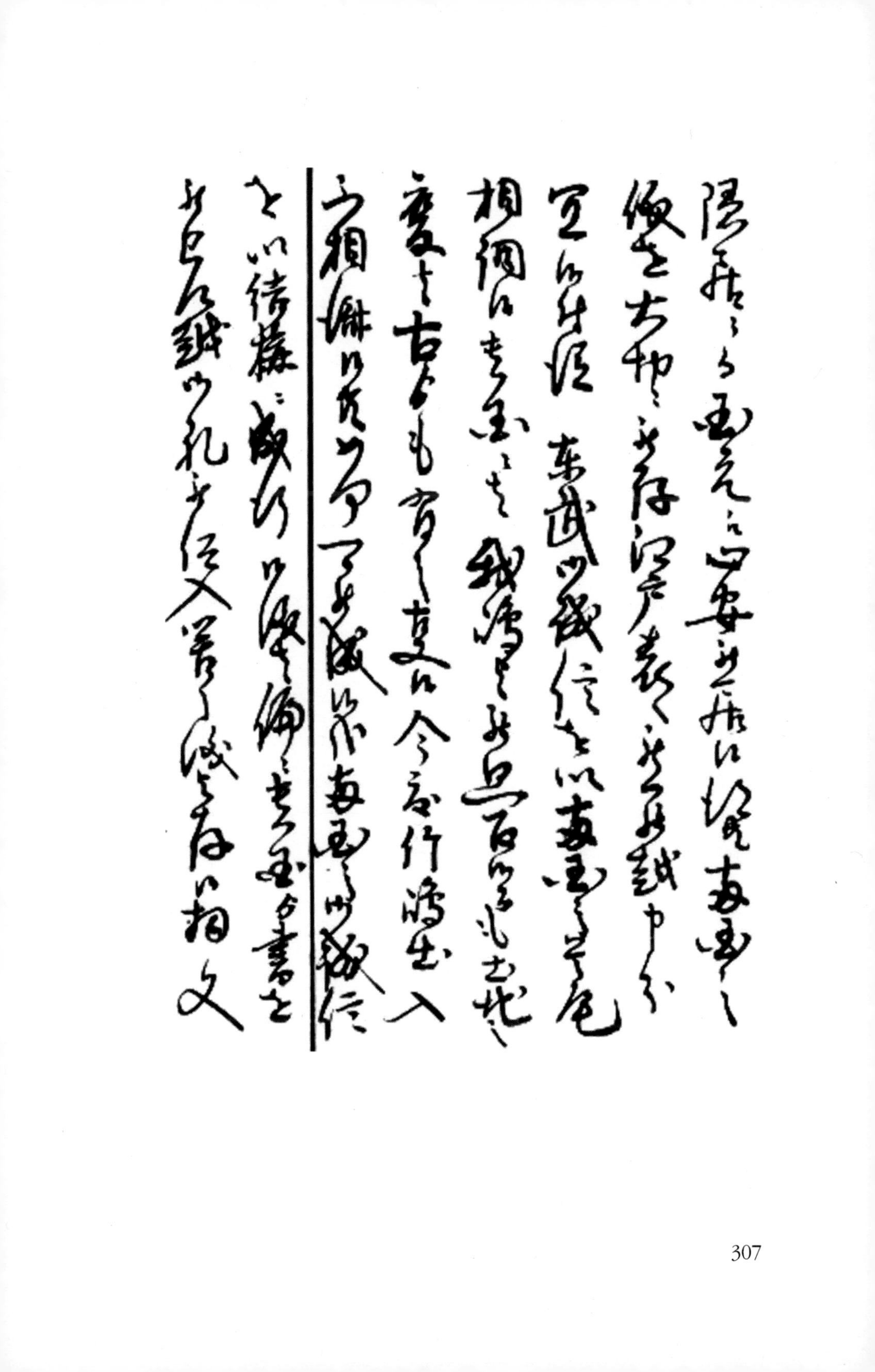

隠居ニ而国元江心安被居候得共両国之儀を大切ニ被存江戸表へ被罷越
申分宜候付従東武御誠信を以両国之首尾相調候貴国ニ者我嶋与被思召
候而も土地之変者古よりも有之事候今度竹嶋出入不相済候共如何可
被成候哉両国之御誠信を以結構ニ成行候儀者偏ニ貴国より書を被差越
御礼被仰入筈之儀与存候扨又

隠居となって国元に心安く居住しておられたが、両国の事を大切に
思っておられ、江戸表まで罷り出られ[幕閣に対し]お申し入れをな
さっていただいた。そのお話し下さった内容が宜しいものであった
から、東武の[御了解があり、これ以後]御誠信を以て両国の首尾を相
調える事ができるようになった。貴国にとって、この竹嶋は我が島
とお考えになっておられる事であろう。だが土地の変化は古くから
有る事で[この島は数十年来、日本の御支配下にあった。]今度、竹嶋
にて[両国の民]の出入りがあり、これを決着させなければ[将来]どの
ように成るか[窺い知れないと、東武は]両国の御誠信を以て対処し
た。それゆえ結構に成り行く事となった。これは偏えに貴国から書
を差し出し、御礼を申すのが当然の事であると思う。さて又、

은거하시어 국원에서 편안하게 거주하고 계셨지만, 양국의 일을 소중
하게 생각하고 에도까지 가서 [막각에] 요청하셨다. 그 말씀 내용이
좋았기 때문에 동무가 [양해하시어, 이후] 성신으로 양국의 상황을 정
리할 수 있게 되었다. 귀국은 이 죽도를 자국의 섬이라고 생각하고
계실 것이다. 그러나 토지의 변화는 예로부터 있는 일로 [이 섬은 수
십 년간 일본의 지배하에 있었다.] 이번에 죽도에 [양국 인민의] 출입

이 있어 이를 해결하지 않으면 [장래] 어떻게 될지 [알 수 없다고, 동무는] 양국의 성신으로 대처했다. 때문에 일이 잘 해결된 것이다. 이것은 전적으로 귀국에서 서간을 보내 사례를 전하는 것이 당연한 일이라고 생각한다. 그런데 또

奉行之文字与在之所朝鮮国之御障曾而無之与被仰候段左様＝而無之候
子細者両国之通用大切成儀＝御座候を刑部大輔殿家老之書付を御用被
成候而者朝鮮国之御瑕瑾＝而者無御座候哉此方より者ヶ様之所迄心を
付候而申入事＝御座候此段古東莱御聞分茂無之故右之首尾出来仕候

奉行の文字と在る所が朝鮮国にとって[それが書中に在るからと言っ
て]なにも支障は無いと、そのようにお話し下さった。だが、そうで
はない。子細に付いて申し述べれば、両国の通用が大切な事で[この
文字が書中に在れば、この通用が妨げられる。]刑部大輔殿が[両国の
通用に]家老の書付を御用いに成られては[その相手となる]朝鮮国の
方では[対等な書簡と言う前提が崩れ]御瑕瑾に成るのではなかろう
か。こちらからは、このような所まで気遣いをして申し入れをして
いるのである。そのような事を古東莱府使は理解する事も無かっ
た。それゆえ右のような[不都合な]首尾が発生したのである。

봉행이라는 문자가 있는 부분이, 조선국에는 [그것이 서중에 있다고
해서] 아무런 지장이 없다고, 그렇게 말씀해 주셨다. 그러나 그렇지
않다. 상세히 이야기하자면 양국의 통용이 중요한 일로 [이 문자가
서중에 있으면 그 통용이 방해받는다.] 교우부 타이후 님이 [양국의
통용에] 가로의 서부를 이용하시면 [그 상대가 되는] 조선 측에서는
[대등한 서간이라는 전제가 무너져] 불명예라고 생각하는 것은 아닐
까. 이쪽에서는 이 같은 일까지 신경 쓰며 요청하고 있는 것이다. 그
러한 것을 구 동래부사는 이해하지도 않았다. 그래서 위 같은 [좋지
않은] 결과가 발생한 것이다.

此度之誤ハ皆古東莱之被成事ニ御座候ヶ様之大切之儀を我々以才覚朝
廷方御聞届被成候様ニ仕候儀者取分裁判為レ応レ職両国之為ニ者宜仕形
与存候却而裁判誤与被仰候段心得不申候兎角此方江者御書簡を急申候
故何之道ニ成共対州江相達候而早々東武江被差上候様可被成候偖又日
本人際木を越候段大キ成誤之様ニ被仰候得共朝鮮

この度の誤りは、皆、古東莱府使の成された事が、その原因であ
る。このような大切の事を、我々の才覚を以て、朝廷方の御耳に入
れようとすれば[このような遣り方に]成らざるを得なかった。それゆ
え行動を起こしたのである。とりわけ裁判は、その職に応じて[必要
な役割を果たした。]それは両国の為には宜しき遣り方であった。そ
のように[こちらは]思っている。それを却って裁判の誤りであると、
そのようにお話し下さった事は承知できない事である。兎も角も、
こちらへ御書簡を急いでお届け頂きたい。どのような手段でも構わ
ないので、対州へ書簡が到達し、そこから早々に東武へ差し上げら
れる様にしなければならない。さて又、日本人が[境界を示す]際木を
越えた事を、大変な誤りの様にお話し下さった。だが朝鮮

이번의 잘못은 모두 구 동래부사가 하신 일에 그 원인이 있다. 이처
럼 중요한 일을 우리들의 기지로 조정 측에 알리기 위해서는 [이 같
은 방법을] 택하지 않을 수 없었다. 그렇기 때문에 행동을 일으킨 것
이다. 어쨌든 재판은 그 직책에 맞게 [필요한 역할을 수행했다.] 그것
은 양국을 위해 좋은 방법이었다. 그렇게 [이쪽은] 생각하고 있다. 그
것을 오히려 재판의 잘못이라고, 그렇게 말씀하신 일은 이해할 수 없

는 일이다. 어쨌든 이쪽에 서간을 서둘러 건네주셨으면 한다. 어떤 방법이라도 상관없으므로 타이슈우에 서간이 도착해 그곳에서 조속히 동무에게 상신하지 않으면 안 된다. 그런데 또 일본인이 [경계를 나타내는] 제목을 넘은 일을 큰 잘못인 것처럼 말씀하셨다. 그러나 조선

国より先年日本之伯耆之国江朝鮮人罷越候段者大き成堺之越様ニ而者
無之候哉然共御誠信重キ事ニ御座候得者ヶ様之大切成儀も致了簡対州
より者何角不被申候今日私儀罷出東莱江得御意候段ハ当役故何事も御
相談可申入与存得御意候日本人大勢罷出候儀者古東莱何事も被致吟
味強候付館内之者何角ニ差つかへ難儀仕内々東莱を恨ニ存候折柄我々

国からは、先年、日本の伯耆の国へ、朝鮮人の一行が罷り越した。
この事は大きな国の境を越した事で[こちらの方が]より大変な事では
無かったか。しかしながら御誠信と言うのは重い事であるので、こ
のような大切な事も了解し、対州からは何かと[問題にするような事
は無く]申し入れをしなかった。今日、私が罷り出て、新しい東莱府
使にお目に掛かり、その御考えを承ったのは、まさに[館守という]御
役目のゆえである。[館守であるから、その相手方となる東莱府使と]
何事も相談をしなければならない。そのように考え、こうして面談
をするに到った。日本人が[館外へ]大勢罷り出た事は、古東莱府使が
何事に付けて、その御吟味を強くなさっていたのも[その一因であ
る。その取り締まりは殊に厳しく]館内の者どもは何かに付け、差し
遣えがあり[日々]難儀に思っていた。内々この東莱府使を恨んでい
た。折柄の事であるが、我々の

국에서는 작년에 일본의 호우키노쿠니로 조선인 일행이 넘어왔다. 이
일은 대국의 국경을 넘은 일로 [이쪽이] 보다 큰 일이 아닌가. 그러나
성신이란 중요한 일이기 때문에 이처럼 큰 일도 양해하고, 타이슈우
에서는 아무것도 [문제 삼지 않고] 요청을 하지 않았다. 오늘 내가 참

석해 신동래부사를 뵙고 그 생각을 들은 것은 그야말로 [관수라는] 역할 때문이다. [관수이기 때문에 그 상대가 되는 동래부사와] 무슨 일이든 상담하지 않으면 안 된다. 그렇게 생각하고 이렇게 면담하기에 이르렀다. 일본인이 [관외로] 대거 외출한 일은 구 동래부사가 걸핏하면 그 조사를 강력히 했던 것도 [하나의 원인이다. 그 단속은 특히 엄하여] 관내 사람들은 여러 가지 면에서 지장이 있어 [매일같이] 곤란하게 생각하고 있었다. 내밀히 이 동래부사를 원망하고 있었다. 공교로운 일이지만 우리들

方より五三人宛館外江罷出候而も不苦与申候を幸与存古東莱江為恨大
勢罷出候御手前ニも御役之儀ニ御座候私儀も其通ニ御座候間兎角下々
迄如難儀仕吟味勝ニ在之候而者先々冝事者出来仕間敷与存候何事も此
旨を以幾々御相談仕ニ而可有御座候

方から、五人宛あるいは三人宛と館外へ罷り出ても支障は無いと、
そのように申し伝えたところ、これ幸いに古東莱府使への恨みの
為、大勢が一斉に[示威のため]罷り出てしまった。御手前にも御役の
事がお有りであろうが、私にも其の通りに御役がある。それゆえ兎
も角も、下々にまで難儀を掛けるような[強固な御支配は差し控えら
れたいものである。]取り締まりが過ぎるようでは、先々冝しい事は
起こって来ない。そのように[今回の蘭出の件については]思うところ
である。何事も、このような趣旨で幾久しく御相談を致したい。そ
のように思っている。

편에서 5인씩 혹은 3인씩 관외에 외출해도 지장은 없다고 그렇게 이
야기하자, 이를 기회로 여기고 구 동래부사에 대한 원망 때문에 많은
사람들이 일제히 [시위하기 위해] 외출하고 말았다. 당신도 맡은 역할
이 있겠지만 나도 나름대로의 역할이 있다. 그러므로 어쨌든 아랫사
람들에게까지 피해를 끼치는 [강경한 지배는 삼가주셨으면 한다.] 단
속이 지나치면 앞으로 좋은 일은 일어나지 않는다. 그렇게 [이번의
난출 건에 대해서는] 생각하는 바이다. 어떤 일이라도 이러한 취지로
언제나 상담하고 싶다. 그렇게 생각하고 있다.

東莱返答

〃段々被仰聞候趣承届候此方之者伯耆江罷渡候段此度日本人際木を
越候より者大き成科之様ニ被思召候得共対州江者御誠信を被立候
付ヶ様之儀者不被仰入之由御尤ニ存候右之儀朝廷方曾而為被致差
図儀ニ而無御座候下々之企ニ而

東莱府使の返答

〃色々とお話し下さり、その趣旨を承った。こちらの者が伯耆へ
渡った事は、この度、日本人が際木を越えた事よりも、より大
きな科の様にお考えになっておられる。だが対州にとっては[朝
鮮に]御誠信を立てておられるので、そのような事を[こちらに]
申し入れては来なかった。その事に付いては御尤もに思う所で
ある。右の事に付いては、朝廷方が御差図をなさった事では全
く無い。下々の者による企てであった。

동래부사의 반답

〃여러 가지를 말씀해 주셔서 그 취지를 알았다. 이쪽 사람이 호우
키로 넘어간 일은 이번에 일본인이 제목을 넘은 것보다도 더 큰
잘못이라고 생각하고 계신다. 그러나 타이슈우로서는 [조선에]
성신의 마음을 가지고 계시기 때문에 그 같은 일을 [이쪽에] 요
구하지는 않았다. 그 일에 대해서는 당연하다고 생각하는 바이
다. 위의 일에 대해서는 조정 측이 지시하신 일이 절대 아니다.
아랫사람의 기획이었다.

御座候得共其後朝廷方被及聞科ニ被申付候段先頃申入候然処只今誠信
之儀大切ニ被仰聞候段者私ニも其通御座候増而朝廷方ニ茂誠信之二字
を大切ニ被存事ニ御座候先刻より段々被仰聞候儀結構ニ被仰伸候故其
元之被仰分致了簡宜様ニ注進可仕候

だがそうは言っても、其の後、朝廷方は[この事を]お聞き及びになり
[その者どもに]科に申し付けた。その事は先頃にも申し入れた通りで
ある。そのような処に、只今、誠信の事に付いて、大切にお話し下
さった。その事は私にとっても、其の通りであると思っている。増
して朝廷方でも、この誠信の二字を[殊に]大切に思っておられる。先
刻から色々とお話し下さった事は、まことに結構な事を述べておら
れる。そちらの申し入れの分を[こちらは]了解致した。宜しい様に
[都に]注進を致したいと思う。

그러나 그렇다 해도, 그 후 조정 측은 [이 일을] 들으시고 [그자들의]
처벌을 명했다. 그 일은 지난번에도 말씀드린 대로이다. 그런데 지금
성신에 대해 진지하게 말씀해 주셨다. 그 일은 나도 그렇다고 생각하
고 있다. 더욱이 조정 측에서도 이 성신이란 2자를 [매우] 소중하게
생각하고 계신다. 지난번부터 여러 가지로 말씀해 주신 일은 참으로
좋은 말씀을 하고 계신다. 그쪽이 말씀하시는 것을 [이쪽은] 이해했
다. 잘 진행되도록 [도성에] 주진하고 싶다고 생각한다.

館守口上

〃一特送使僉官之儀遠方罷出候付依之接待馳走被差留候之由承届

　候一特送使僉官之者共舘外ヱ罷出候儀ハ何そ朝鮮国を軽しめ候心

　入を以為罷出ニ而者曾而無之候舘内之者共大勢罷出候付為行規差

　出候何そ所存有之而之儀ニ無御座候縦軽しめ申心入を以罷出候共

　対州之

館守の口上

〃一特送使の僉官の事である。遠方から罷り出て来たので、これ

　に依って接待馳走を[受け取る手筈になっていた。だがこれが差

　し留められるという事になった。そのように承っている。]一特

　送使の僉官の者どもが、舘外へ罷り出たので、その事を以て[馳

　走を差し止められたのであろうか。]これは朝鮮国を軽侮する心

　入れで行ったものでは決して無い。舘内の者どもが大勢罷り出

　たので、規範を守るよう作法を正し[その上で]送り出した。何か

　考える所が有り[敢えて]このような行動を取らせたというわけの

　ものでも無い。たとえ軽侮するような心入れを以て罷り出たと

　しても、対州の

관수의 구상

〃특일송사 첨관의 일이다. 원방에서 왔기 때문에 이에 의거해 접

　대치주를 [수취하게 되어 있었다. 그러나 이것이 정지되는 일이

　되었다. 그렇게 듣고 있다.] 특일송사의 첨관들이 관외로 외출했

　기 때문에 이 일로 [치주가 정지된 것인가.] 이것은 조선국을 경

멸하는 마음으로 행한 것이 절대 아니다. 관내 사람들이 대거 몰려 나갔기 때문에 규범을 지키도록 작법을 바로 하고 [그 후] 내보냈다. 무엇인가 생각하는 바가 있어 [일부러] 이 같은 행동을 취하게 한 것도 아니다. 가령 경멸하는 마음을 가지고 외출했다 해도, 타이슈우의

侍共纔五三人か朝鮮国を押付ニ仕可申物ニ御座候哉ヶ様之事迄も其元
より者御咎被成候段難心得候増而裁判馳走方一特送使馳走迄も御引
被成候与之儀朝廷方可被思召寄儀共不存候此儀者朝夕之食物之儀ニ御
座候故別而ヶ様之儀ニ者私迚心付申儀ニ而無御座候朝鮮より

侍どもは僅か五人や三人のことである。その者どもだけで、朝鮮国
を押さえ付ける事など、できる筈があろうか。このような事まで
も、そちらから御咎めに成られるなどとは[実に]心得難い事である。
増してや裁判は[こちらの]馳走方でもある。一特送使の馳走迄も御引
き取りに成られるとの事は[この裁判を貶める事であろう。]朝廷方の
お考えに寄る事ではあるが[一向に、こちらには]理解できない事であ
る。この事は[特送使一行の]朝夕の食物の事であるので、格別このよ
うな事には、私は到底、同意を申す事はできない。[例えば]朝鮮から

사무라이들은 불과 5인이나 3인이었다. 그자들만으로 조선국을 억압
하는 일이 가능할까. 이 같은 일까지도 그쪽에서 문책하시는 것은
[참으로] 이해하기 어려운 일이다. 하물며 재판은 [이쪽의] 치주 담당
이기도 하다. 특일송사의 치주까지도 거두어들인다는 것은 [재판을
멸시하는 일일 것이다.] 조정 측 생각에 따른 것이지만 [전혀 이쪽은]
이해할 수 없는 일이다. 이 일은 [특송사 일행의] 조석 식량이기 때문
에 특히 이러한 일에는 나는 도저히 동의할 수 없다. [예를 들어] 조
선에서

対州江訳官被差渡候節其使者誤御座候とて返事を其訳官江不被申入時
ハ朝廷方江者御心能可被思召候哉増而馳走之儀者已前より格法有之ニ
付其役々江内々申付置候故左様之儀ニ者対州之家老も心を付申事ニ而
無御座候只今ヶ様之儀私申茂心能不存候得共朝廷

対州へ訳官を差し渡された折、その使者に誤りがあったからと言っ
て、返事を其の訳官に申し伝えなければ、その時、朝廷方は快く思
われないであろう。増してや馳走の事は、以前から[その内容に]格付
けの作法が有る。その[格付け]を前提にして、其の役々へ[対州の侍
どもを]内々に申し付け置く事にしている。それゆえ、そのような[馳
走差し止めの]事には、対州の家老も同意を申す事はできない。只今
このような事を私が申すのも[そちらは]快く思わないであろう。だが
[その差し止めは]朝廷

타이슈우에 역관을 파견했을 때, 그 사자에게 잘못이 있다고 해서 답
변을 그 역관에게 전하지 않는다면, 그때 조정 측은 기분 좋게 생각
하시지 않을 것이다. 하물며 치주의 일은 이전부터 [그 내용에] 등급
의 작법이 있다. 그 [등급을] 전제로 해서 그 역할에 맞게 [타이슈우
의 사무라이들을] 내밀히 명해 두고 있다. 그래서 그 같은 [치주를 정
지시키는] 일에는 타이슈우의 가로도 동의할 수 없다. 지금 이 같은
일을 내가 말하는 것도 [그쪽은] 기분 좋게 생각하지 않을 것이다. 그
러나 [그 정지는] 조정

方より依被仰候申入候裁判一特送使使者之儀者古より約条有之而
年々罷渡候間弥此使者ニ約条之通ニ被成被下候者刑部大輔殿被承候而
も為入御念与可被存候将又只今之通ニ神妙ニ致居候も拙者申なため置
候故其通ニ御座候首尾不調候者

方からお話しがあった事なので[こちらも敢えて]申し入れる所であ
る。裁判や一特送使など、使者の事に付いては古くから約条が有
り、年々、罷り渡る事になっている。[そのような取り決めの中で、
使者への馳走が有る。それゆえ]いよいよ、この約条の通りに成さっ
て頂きたい。[この事は、たとえ]刑部大輔殿が承られても、御念を入
れて[やはり、そのようにと]お思いになることであろう。なおまた
[こちらの侍どもが]只今の通りに神妙に致しているのは、拙者が説得
し、なだめ置いているためであり、ただそれだけの事である。[だか
らもし]首尾が調わぬとなれば、

측에서 이야기되었던 일이기 때문에 [이쪽도 일부러] 요구하는 바이
다. 재판이나 특일송사 등, 사자의 일에 대해서는 예부터 약조가 있어
매년 파견하게 되어 있다. [그 같은 결정 속에서 사자에게 부여되는
치주가 있다. 때문에] 반드시 이 약조대로 해주셨으면 한다. [이 일은
가령] 교우부 타이후가 들으셔도 분명히 [역시 그렇게 해야 한다고]
생각하실 것이다. 그리고 또 [이쪽 사무라이들이] 지금처럼 얌전하게
있는 것은 졸자가 설득하고 달래었기 때문에 그러고 있을 뿐이다.
[그러나 만일] 결과가 좋지 않다면

使者之一分立不申ニ付其節者何様之儀可仕出も難心得候ヶ様之儀者東
莱江も私ニ至而も互ニ御相談仕事之大事出来不致様ニ仕か役人之本意ニ
而御座候能々東莱江も御思案被成宜御注進可被成候

使者としての面目が立たなくなる。その折には[一体]どのような事が
起こって来るのか、どう対処したらよいのか、見当も付かない。[今
後]このような事が[起きないよう]東莱府使にとっても私にとって
も、互いに相談をする事が大切である。大変な事が勃発しないよう
[注意し配慮]する事が[我々のような]役人の本分であると思う。この
事を、能く能く東莱府使も御考えに成られ、宜しく[都へ]御注進をな
さって頂きたい。

사자로서의 면목이 서지 않게 된다. 그때는 [도대체] 어떤 일이 일어
날지, 어떻게 대처하면 좋을지 짐작도 가지 않는다. [금후] 이 같은 일
이 [발생하지 않도록] 동래부사도 나도, 서로 상담하는 일이 중요하
다. 큰일이 발발하지 않도록 [주의하고 배려]하는 일이 [우리들과 같
은] 역인의 본분이라고 생각한다. 이 일을 동래부사도 잘 생각하시어
잘 되도록 [도성에] 주진해 주셨으면 한다.

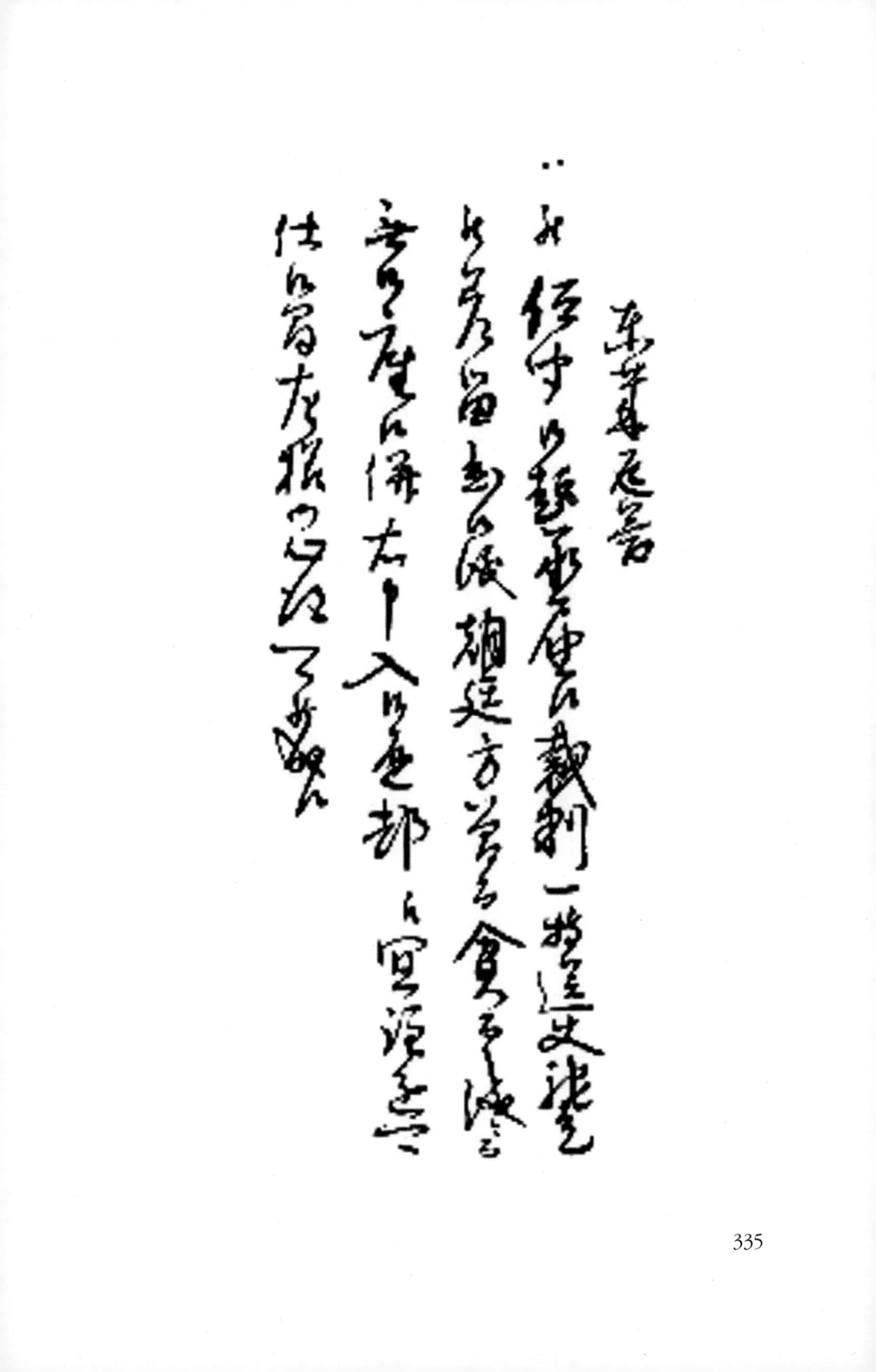

東華蓬逸書

修守以藝不使民裁制一轉逸史北

分分留為展輔逸方為含象凌を

言屋以偏大一入四庭邵 寫沒多

住為才根四名了多分

東莱返答

〃被仰聞候趣承届候裁判一特送使馳走被差留置候儀朝廷方曾而貧
而之儀ニ而無御座候併右申入候通都江冝注進可仕候間左様御心得
可被成候

東莱府使の返答

〃お話し下さった御趣旨については承った。裁判や一特送使の馳
走を差し留め置いた事に付いては[それなりの理由があることで
ある。]この朝廷方[の御指図は]おおよそ財政窮乏による理由な
どでは無い。[まさに理非直曲を明らかにするものである。だ
が、そちらからの言い分もあり]併せ右の申し入れの通りの事
を、都へ宜しく注進致すつもりである。そのように御理解を頂
きたい。

동래부사의 반답

〃말씀하신 취지는 이해했다. 재판과 특일송사의 치주를 정지시킨
일에 대해서는 [나름대로의 이유가 있다.] 이 조정 측 [지시는] 아
마도 재정 궁핍에 의한 것은 아니다. [그야말로 왜곡된 일을 바로
잡는 일이다. 그러나 그쪽이 말하는 명분도 있어] 함께 위의 요구
대로 도성에 잘 주진할 생각이다. 그렇게 이해해 주셨으면 한다.

색인

권정(權靜) ——————————————————————————

1971년 서울 생
서울 영파여자고등학교, 이화여자대학교, 동경대학교
현) 배재대학교 교수

「古地圖에 나타나는 日本과 韓國의 世界觀」, 「古代日本과 韓國에 있어서의 古代文字世界의 形成」, 「古代韓國과 日本의 用字法의 硏究」, 「韓日古地圖에 나타나는 世界觀」, 「天下圖에 나타나는 世界觀」, 「고대일본과 한국의 자국의식의 비교-철도와 비문을 통해서」, 「신라의 천하로서의 우산국」, 「三國에 있어서의 國王·皇帝·天皇表記비교」, 「한일건국신화의 허구와 사실」, 「동해의 무구루세미와 부룬세미」, 「고지도에 나타나는 조선 초의 자국인식」, 「죽도도해유래기발서공의 상납」, 「안용복에 관한 한·일의 인식」, 「古事記 속의 스사노오」, 「독도에 관한 일본 고문서 연구」

『古事記와 日本書紀』, 『獨島와 竹島』, 『古事記』(상·중·하), 『禦用人日記』, 『일본은 독도를 이렇게 말한다』, 『內藤正中의 獨島論理』, 『竹島紀事』(1-2), 『竹島紀事』(2-2), 『竹島紀事』(3-2), 『竹島紀事』(4-2)

메일 shirijung@hanmail.net

오오니시 토시테루(大西俊輝) ——————————————————————————

1946년 島根縣隱岐郡西鄕町(現 隱岐의 島町) 生
島根縣立隱岐高等學校, 大阪大學 醫學部, 腦神經外科專門醫, 醫學博士
大阪國學院 通信敎育部 卒業, 神職資格(權正階)
大阪市立大學大學院大學 都市情報部 卒業
현) (醫)厚生醫學會理事長
　　(社福)厚生博愛會理事長
　　隱岐國 原田向山 大山神社 宮司

『레이저 醫學의 臨床』, 『Illustrated Laser Surgery』, 『山陰沖의 古代史』, 『山陰沖의 幕末維新 動亂』, 『人肉食의 精神史』, 『柿本入麻呂와 아들 躬都郞』, 『隱岐는 繪島, 歌島』, 『日本海와 竹島』, 『心의 誕生』, 『水若酢神社』, 『續日本海와 竹島』, 『隱州視聽合紀』, 『元祿覺書』, 『竹島文談』, 『竹島渡海由來記拔書控』, 『竹嶋紀事』(卷一), 『安龍福과 元祿覺書』, 『大西俊輝, 독도개관』, 『日本海와 竹島』, 『竹嶋紀事』(1-1, 1-2, 1-3), 『竹嶋紀事』(2-1, 2-2, 2-3), 『竹嶋紀事』(3-1, 3-2, 3-3), 『竹嶋紀事』(4-1, 4-2)

竹島紀事

죽도기사 5-1

초판인쇄 | 2012년 12월 28일
초판발행 | 2012년 12월 28일

지 은 이 | 권정・오오니시 토시테루
펴 낸 이 | 채종준
펴 낸 곳 | 한국학술정보㈜
주   소 | 경기도 파주시 문발동 파주출판문화정보산업단지 513-5
전   화 | 031) 908-3181(대표)
팩   스 | 031) 908-3189
홈페이지 | http://ebook.kstudy.com
E-mail | 출판사업부 publish@kstudy.com
등   록 | 제일산-115호(2000. 6. 19)

ISBN   978-89-268-3962-1 94380 (Paper Book)
          978-89-268-3963-8 95380 (e-Book)
          978-89-268-2138-1 94380 (Paper Book Set)
          978-89-268-2139-8 95380 (e-Book Set)